高等职业教育建筑设计类专业“十三五”系列教材

建筑艺术欣赏

主　编　鲁　毅
副主编　张　迪　任丽坤
参　编　李　化　刘嘉祎　王　哲
主　审　赵龙珠

机械工业出版社

本书从建筑艺术美学入手，以经典建筑范例欣赏为切入点，摆脱枯燥的建筑历史与理论讲解，通过欣赏和分析归纳建筑艺术的特征，并对中外建筑艺术波澜壮阔的发展历程进行阐释。

本书内容包括怎样欣赏建筑艺术、西方古典建筑艺术欣赏、中国古建筑艺术欣赏、新建筑的探索与欣赏四个教学模块，其下设12个教学课题，每个课题从具体的学习任务展开介绍。本书采用任务驱动的编写方式，围绕建筑艺术类相关专业的学习任务、教学重点、能力结构及评价标准，设计了“图片欣赏”“经典范例”“欣赏分析”“相关知识”等教学结构，使教学内容有机衔接和贯通。

本书力求图文并茂，语言平实，通俗易懂，可以与现代网络教学相结合，既符合职业教育规律和技术技能型人才成长规律，也可以体现教学改革和专业建设最新成果。

本书适用于高、中等职业学校教学，也可以作为相关技术培训或素质教育教材。

图书在版编目（CIP）数据

建筑艺术欣赏 / 鲁毅主编. —北京：机械工业出版社，2019.7（2023.8重印）
高等职业教育建筑设计类专业“十三五”系列教材
ISBN 978-7-111-63132-3

Ⅰ. ①建… Ⅱ. ①鲁… Ⅲ. ①建筑艺术—鉴赏—世界—高等职业教育—教材 Ⅳ. ① TU-861

中国版本图书馆CIP数据核字（2019）第134727号

机械工业出版社（北京市百万庄大街22号 邮政编码100037）
策划编辑：常金锋　　责任编辑：常金锋　高凤春　蓝伙金
责任校对：王　欣　　封面设计：鞠　杨
责任印制：张　博
北京建宏印刷有限公司印刷
2023年8月第1版第5次印刷
210mm×285mm · 8.25印张 · 241千字
标准书号：ISBN 978-7-111-63132-3
定价：45.00元

电话服务　　网络服务
客服电话：010-88361066　　机　工　官　网：www.cmpbook.com
010-88379833　　机　工　官　博：weibo.com/cmp1952
010-68326294　　金　书　网：www.golden-book.com
封底无防伪标均为盗版　　机工教育服务网：www.cmpedu.com

前言
PREFACE

从20世纪80年代开始，我国的设计专业经历了从最初的“室内装饰”发展到“建筑装饰”又发展到“室内设计”的过程，后来又在“室内设计”的基础上拓宽出“环境艺术”。发展到20世纪90年代末期，“环境艺术设计”这一专业正式产生，建筑艺术作为环境艺术设计专业中的一部分，是一个年轻而又蓬勃发展的专业。作为“朝阳产业”领域，它正展现出强劲的发展势头。

在21世纪的今天，我国很多院校都开设了艺术类相关专业，其中就包括了几百所职业院校。由于我国建筑装饰行业起步较晚，但发展迅猛，行业建设还很不规范，导致人们多从功利角度来认识和从事这一行业，在发展中忽视了作为职业人的职业精神、道德水准和职业能力等方面的培养。这种情况直接影响了整个行业的社会声誉和地位，致使学生忽视专业的常识学习与专业技能训练，心态上急功近利。在现阶段如何突出职业特性和行业特色，如何适应市场需要，已经成为建筑装饰行业亟待解决的问题。

让学生对建筑的相关知识的了解与建筑欣赏能力的掌握达到“必要、够用、实用”是促进这一专业领域职业教育健康发展的前提，必须重视专业理论建设，明确专业内涵。教育教学的目标是培养高素质的复合型人才，要将对职业精神的培养深化于学校教育教学的过程中，深入理解和把握“育人”内涵，不仅要培养优秀的“职业人”，更要培养合格的“社会人”；要将具备一定理论素养的高素质、高能力的高级执业者输送给社会。类似建筑艺术欣赏这样的特色课程，无论是作为艺术设计基础课程，还是作为其他专业的人文素质课程，一定会在新一轮职业教育改革中发挥其不可或缺的作用。

本书总结近三十年相关教学过程的重点和难点，以能力教育为中心，注重教学内容的实用性、完整性和延展性。结合中西、古今经典建筑作品，尝试以经典建筑艺术欣赏作为载体贯穿教学全过程。引导学生发现与思考，启发与感受，认识审美与艺术的发展规律。通过对经典建筑作品的赏析阐释复杂的建筑理论，将实际经典案例与美学特征完美地融会贯通。

本书在编写过程中，参考了诸多专家的研究成果，并对同行的著作进行了吸收借鉴，在此表示诚挚谢意。由于时间仓促，对本书出现的缺点与不足，编者深表歉意，请各位专家、读者批评指正。

编　者

前言

01 怎样欣赏建筑艺术

02 西方古典建筑艺术欣赏

目录
CONTENT

03 中国古建筑艺术欣赏

04 新建筑的探索与欣赏

参考文献

怎样欣赏建筑艺术

课题一　建筑艺术与美的规律

建筑是人类满足自身物质和精神需求而创造的活动空间或构筑物，它并不仅仅具有遮风挡雨、御寒避暑的实用功能，还具有社会文化功能和艺术功能。建筑是社会历史演进的一面镜子，它以独特的造型艺术语言，反映出一个时代、一个民族的审美追求，是人类艺术才智的里程碑。建筑作为容量巨大的文化载体，被誉为“凝固的音乐”“立体的画”“无形的诗”和“石头写成的史书”。

任务一　建筑美的规律

建筑艺术的表达方式是多方位的，它可以对城市艺术形象、建筑群艺术、单体建筑造型、建筑细部、室内设计、建筑空间、建筑环境艺术都做出反映。建筑作为“立体的画”，它的美依赖于视觉感受。视觉语言在建筑表现中无处不在，一个建筑通过给人们视觉的感受，在人们心理、情绪上产生某种反应。通过对经典建筑进行分析可以发现，一栋优秀的建筑可以给人们带来审美上的愉悦。这种通过视觉对人们心理、情绪产生积极影响的现象存在着建筑美的规律。与其他艺术设计作品一样，建筑由各种构成要素组成，如墙、屋顶、门、窗等，这些构成要素具有一定的形状、大小、色彩和质感，而形状及其大小又可抽象为点、线、面、体及其度量等。这些要素的组合，构成了我们所见到的建筑的整体造型形式，而建筑美的规律就主要体现在建筑各部分所抽象出的美学元素的组合形式之中。因此，建筑美的规律通过建筑形式美法则加以概括，建筑形式美法则表述了这些点、线、面、体以及色彩和质感等的普遍组合规律。

建筑形式美法则主要包括：变化与统一、对比与和谐、比例与尺度、对称与均衡、节奏与韵律、空白与虚实等。

○图片欣赏

1	2
3	4
5	6
7	

1 | 变化与统一

2 | 对比与和谐

3 | 比例与尺度

4 | 对称与均衡

5 | 节奏与韵律

6 | 空白与虚实

7 | 从原始巢居到干栏式建筑

任务二 中西方建筑艺术发展过程

○图片欣赏

西安半坡遗址半穴居式建筑 | 1

浙江余姚河姆渡遗址 | 2

河南偃师二里头遗址 | 3

窑洞式建筑 | 4

云南干栏式建筑 | 5

沈阳新乐遗址 | 6

湖南凤凰古城 | 7

丽江古城 | 8

1	2
3	4
5	6
7	8

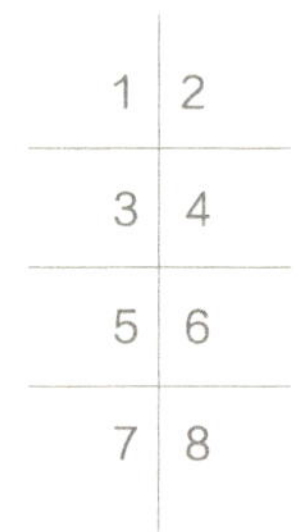

1 | 苏州狮子林

2 | 意大利圣马可大教堂

3 | 山西应县木塔

4 | 雅典卫城帕特农神庙

5 | 元代永乐宫三清殿外观

6 | 法国卢浮宫

7 | 南京灵谷寺的无梁殿

8 | 意大利罗马耶稣会教堂

○欣赏分析

（一）中国古建筑艺术

秦、汉时期，国家统一，国力富强，中国古建筑出现了第一次发展高潮。其结构主体的木构架已趋于成熟，重要建筑物上普遍使用斗拱，屋顶形式多样化，庑殿顶、歇山顶、悬山顶、攒尖顶、囤顶均已出现，有的被广泛采用;

制砖及砖石结构和拱券结构有了新的发展。

隋、唐时期，迎来了古建筑发展上的第二个高潮，也是中国建筑发展的最高峰。大建筑群布局舒展，前导空间流畅，个体建筑结构合理有机，斗拱雄劲。建筑风格明朗、雄健、伟丽。这一时期中国建筑体系达到成熟，形成一个独立而完整的建筑体系，远播并影响于日本、朝鲜等国的建筑。

元、明、清三朝，是中国古建筑发展的最后一个高潮，制定了各类建筑，如宫殿、陵墓等方面的等级标准。

斗拱｜1

中国古建筑上的斗拱｜2

秦汉建筑｜3

隋唐时期日本建筑｜4

明清建筑｜5

1 | 迈锡尼废墟

2 | 古埃及金字塔

3 | 米诺斯王宫复原图

4 | 米诺斯王宫遗址

（二）西方建筑艺术

西方建筑的发展历程大致分为早期古典时期、中世纪时期、文艺复兴时期、17—18 世纪时期、19 世纪末复古思潮及工业革命时期、新建筑运动时期、现代主义时期、后现代主义时期等。

古埃及金字塔，神庙、石窟庙、石窟墓和住宅成为西方建筑起源。古希腊是西欧建筑的开拓者，石制梁柱结构构件和组合的建筑形式成为西欧建筑的典范。特别是“柱式”这一建筑造型的基本元素，历经两千多年仍长盛不衰。

古罗马建筑继承了古希腊的建筑成就，成为世界建筑史最光辉的一页。“罗马式建筑”时期是西方建筑的又一重要时期，结构形式和建筑艺术向着有机结合的方面发展；建筑内部空间已具有强烈垂直升腾的动态感。

中世纪时期由于历史因素，建筑的发展集中体现在宗教建筑上。这一阶段的建筑在一定程度上继承了罗马建筑的成就并发展出了自身的特点。

文艺复兴时期的建筑不是简单地模仿或照搬古希腊、古罗马的式样，它在建筑理论、建造技术、规模和类型以及建筑艺术手法上都有很大的发展。

法国古典主义使法国建筑进入了崭新的阶段，并产生了深远的影响。

新建筑运动时期正值欧洲资产阶级革命阶段，这期间产生了几场具有影响力的运动。工艺美术运动是小资产阶级浪漫主义思想的反映，是一些社会活动家的哲学观点在艺术上的表现。在建筑上主张建造“田园式”住宅，来摆脱古典建筑形式。

新艺术运动主张创造一种前所未有的、能适应工业时代精神的简化装饰，反对历史式样，其建筑风格主要表现在室内。维也纳学派反对使用历史式样。美国芝加哥学派是美国现代建筑的奠基者。建筑造型上趋向简洁，对现代建筑影响较大。

○相关知识

西方古典建筑以石材为主要材料。围柱式结构是针对古希腊神庙建筑的柱式结构发展产生的。围柱式是指在神庙的四周围以高大的石柱，排列成一个石柱长廊，以扩大建筑的空间，增强建筑的装饰性和神圣感。到公元前 6 世纪，它们已经相当稳定，并且有了成套的做法，这套做法被罗马人称为“柱式”。

古希腊创造了三种柱式，西方建筑在装饰美上的发展，如巴洛克、洛可可等风格都是从柱式的柱础和柱头出发进行较大规模的美化，从而形成自己独特艺术风格的。

西方建筑在承重上一般采用“拱券”结构。由于各种建筑类型的不同，拱券的形式略有变化。半圆形的拱券为古罗马建筑的重要特征，尖形拱券则为哥特式建筑的明显特征，而伊斯兰建筑的拱券则有马蹄形、弓形、三叶形等多种。拱券利用半圆形的跨度和对压力的分散作用，极大地增加了建筑的内部空间，使宫殿和教堂的内部更加壮观。

古希腊神庙遗址 | 1

古希腊神庙远景 | 2

古罗马“拱券” | 3

哥特式“拱券” | 4

课题二　中西方建筑艺术对比

中西方建筑各自从不同的空间环境经过几千年的漫长演变，形成了独特的建筑艺术表现形式，虽然在漫长的发展过程中偶有交流，但却呈现出完全不同的建筑艺术美学特征。通过欣赏中西方建筑文化的对比与统一，分析和探讨中西方建筑的差异性和相同点，更有助于我们对不同国家、不同地区的文化、艺术、美学进行系统的认识和深刻的理解。

任务一 中西方建筑艺术差异的欣赏

○图片欣赏

1	2
3	4
5	6

1 | 沈阳故宫内饰
2 | 法国卢浮宫拿破仑餐厅内饰
3 | 沈阳故宫外景
4 | 法国巴黎凡尔赛宫全景
5 | 水桥之乡苏州
6 | 水城威尼斯

秦始皇陵 | 1

古埃及金字塔 | 2

○欣赏分析

1. 建筑材料木与石的差异

建筑材料受当地自然条件的影响极大。中国盛产木材，中国古建筑作为世界三大建筑体系之一，区别于其他建筑体系最显著的特征就是以木材为主要建筑材料。西方盛产石材，西方建筑对石材情有独钟。木材相对于石材来说，比较容易加工、搬运，但因其耐火性能差、易被虫蚀，没有石材耐用。所以中国现存的古建筑很少，而西方的很多古建筑至今还保留得非常完好。

2. 建筑结构形式不同

中国古建筑很早就采用了木构架结构，木构架结构采用木柱与木梁构成房屋的骨架，屋顶的重量通过梁架传到立柱，再通过立柱传到地面。墙在房屋的架构中不承担主要重量，只起隔断作用。现在保存下来的古建筑绝大部分都是木构架结构。一些砖筑的佛塔和地下墓室，虽然用的是砖石结构，但它们的外表仍然模仿着木结构的形式。

西方石造的大型庙宇的典型形式是围廊式，因此柱子、额枋和檐部的艺术处理基本上决定了庙宇的面貌。古希腊建筑艺术的结构改进，也都集中在这些构件的形式、比例和相互组合上，有了成套的做法，已经相当稳定，这套做法被罗马人称为“柱式”。

3. 建筑空间的布局不同

因中西方制度文化、使用特征不同，建筑空间布局也有很大的不同。中国古建筑是封闭的群体空间格局，在地面平面铺开。中国无论何种建筑，从住宅到宫殿，几乎都是类似于四合院模式的格局，中国古建筑的美是一种集体的建筑组群之美。例如，北京明清宫殿、明十三陵，都是以重重院落相套而构成规模巨大的建筑群，各种建筑前后左右、有主有宾规律地排列着，体现了中国古代社会结构形态的内向性特征及其宗法思想和礼教制度。

与中国建筑不同，西方建筑是开放的单体空间布局向高空发展。从古希腊、古罗马的城邦开始，就广泛地使用柱廊、门窗，增加信息交流及透明度，用外部空间来包围建筑，以突出建筑的实体形象。这可能与早期西方海洋文明及社会意识形态有关，古希腊的外向型性格和科学民主的精神不仅影响了古罗马，还影响了整个西方世界。

以北京故宫和巴黎卢浮宫比较：前者是由数以千计的单个房屋组成的波澜壮阔、气势恢宏的建筑群体，围绕轴线形成一系列院落，平面铺展异常庞大；后者则采用体量向上扩展，或垂直叠加，以巨大而富于变化的形体，形成巍然耸立、雄伟壮观的整体。

4．建筑的发展不同

从建筑的发展过程看，中国古建筑是保守的，据文献资料可知，中国的建筑形式和所用的材料 3000 年基本不变。与中国古建筑不同，西方古建筑经常求变，其结构和材料演变得比较急剧。从古希腊雅典卫城上出现的第一批神庙起到今天已经 2500 余年了，期间整个欧洲古代的建筑形态不断演进、跃变着。从古希腊古典柱式到古罗马的拱券、穹顶技术，从哥特式建筑的尖券、十字拱和飞扶壁到欧洲文艺复兴时期的门窗与拱顶的半圆发券，从形象、比例、装饰和空间布局，都发生了很大变化。这反映了西方人敢于独辟蹊径，敢于创新的精神。

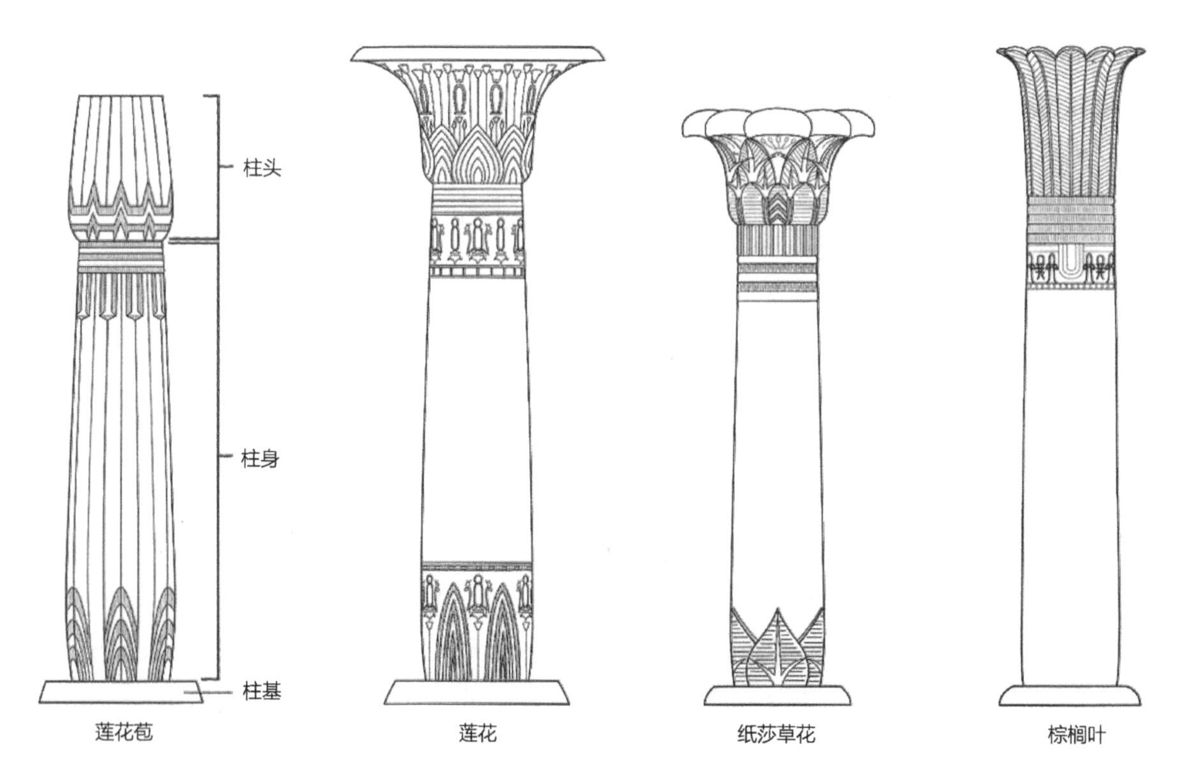

古埃及柱式

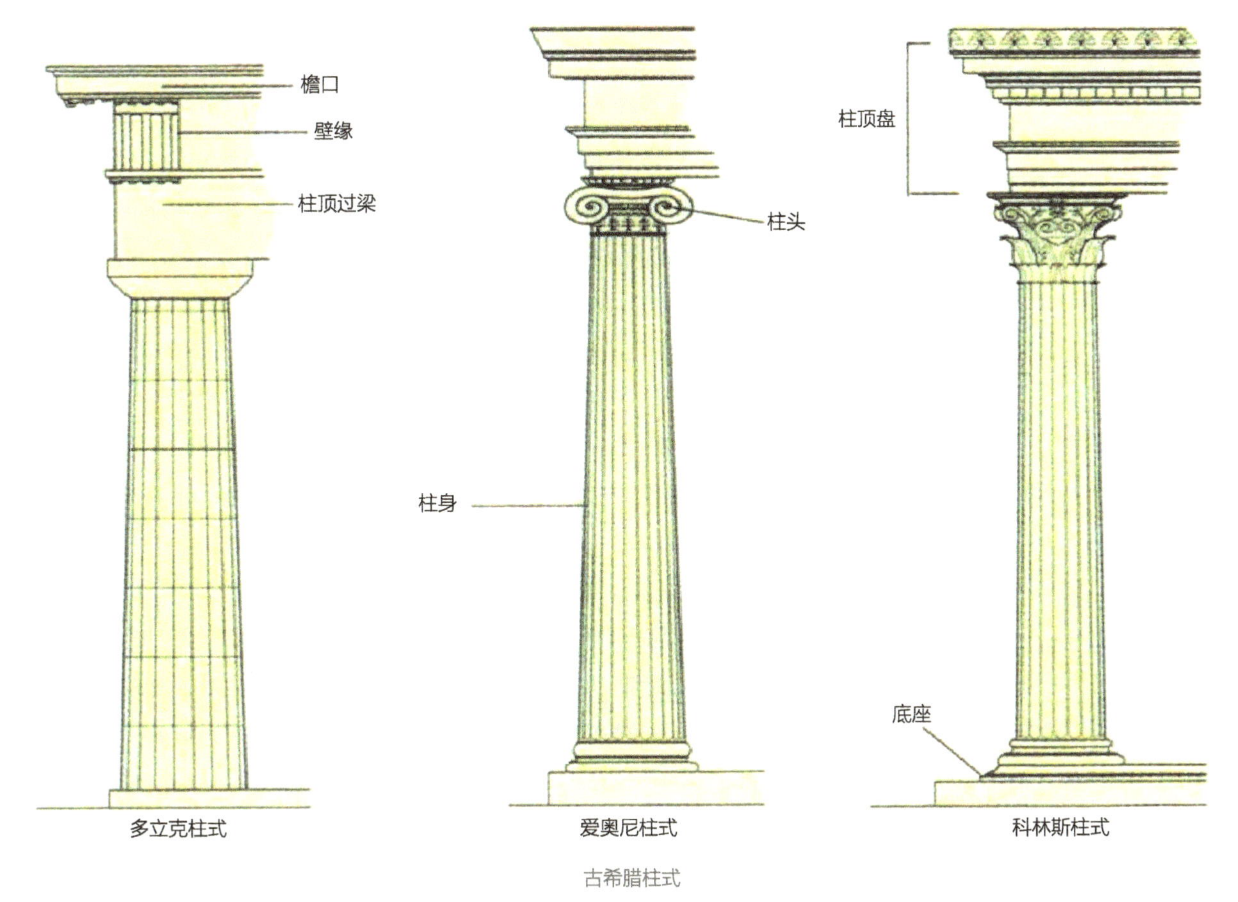

古希腊柱式

5. 古建筑装饰色彩不同

（1）中国古建筑色彩　中国古建筑的色彩随着阶级的产生，逐步成为政治、宗教的工具；通过建筑的色彩“明贵贱、辨等级”，用色彩的方式体现政治地位与阶级身份。黄色成为皇室专用的色彩，皇宫寺院用黄、红色调，红、青、蓝等为王府官宦之色，民舍只能用黑、灰、白等色。建筑的色彩与时代背景也有一定关系。以宋代为例，宋代受儒家和禅宗哲理思想影响，人们喜欢清淡高雅，注重表现品位，建筑装饰的色彩表现在建筑彩画和室内装饰上，色调追求稳而单纯，往往对构件进行雕饰，如青绿彩画，朱金装修，白石台基，红墙黄瓦等综合运用。

元明清三代是少数民族与汉族政权更迭时期，除吸收少数民族成就外，明代继承宋代清淡雅致的传统，清代则走向华丽烦琐的风格。元代室内色彩丰富，装修彩画红、黄、蓝、绿等色均有。明代色泽浓重明朗，用色于绚丽华贵中见清秀雅静。清代油漆彩画流行，民宅色彩多为材料本色，北方灰色调为主，南方多粉墙、青瓦，梁柱用深棕色、褐色油漆，与南方常绿的自然环境协调。

（2）西方古建筑色彩　在古希腊的建筑群中，几乎到处都能看到艳丽的色彩。从现存遗留下来的大理石顶部残留色迹推测，那里有最早的红、黄、蓝、绿、紫、褐、黑和金等色彩，神庙檐口和山花及柱头上，不但有精美的雕刻，还有艳丽的色彩。如多立克式柱头上涂有蓝与红色，爱奥尼式建筑除蓝与红外，还用金色，科林斯式柱头则对金的使用较盛行。帕特农神庙在纯白的柱石群雕上配有红、蓝原色的连续图案，色彩十分鲜艳。色彩是他们宗教观的反映，使用色彩具有象征意义。红色象征火，青色象征大地，绿色象征水，紫色象征空气，通过色彩表现宗教信仰。运用红色为底色，黑色为图案或相反使用，对比产生一种华贵感。

古罗马继承古希腊文化并没有创新，罗马贵族爱好奢华，为了装饰宏大的公共建筑和华丽的宅邸、别墅等，各种装饰手段都予以运用。室内喜用华丽耀眼的色彩，红、黑、绿、黄、金等，墙上壁画色彩运用十分亮丽，还通过色彩在墙面上模仿大理石效果，并在上面以细致的手法绘制窗口及户外风景，常常以假乱真。这种艳丽奢华的装饰风格影响了整个欧洲。

建筑作为人类创造出来的物质之一，被深深地刻上了人们意识形态的烙印。正是东西方文化的差异，使得古代建筑的发展有着各自的特色，也形成了多元化的建筑风格。

中国北京天坛 | 1
梵蒂冈圣彼得大教堂 | 2
山西五台山佛光寺大殿 | 3
希腊雅典帕特农神庙 | 4

1	2
3	4
5	

1 | 北京明十三陵

2 | 埃及吉萨金字塔

3 | 意大利庞贝城

4 | 北京故宫养心殿

5 | 土耳其君士坦丁堡圣索菲亚大教堂

任务二 中西方建筑艺术联系的欣赏

○经典范例——凯旋门

意大利君士坦丁凯旋门 | 1
德国柏林勃兰登堡门 | 2
法国巴黎凯旋门 | 3
朝鲜平壤凯旋门 | 4

○欣赏分析

君士坦丁凯旋门，位于意大利罗马斗兽场旁。古罗马时代共有 21 座凯旋门，但是现在罗马城中仅存 3 座，君士坦丁凯旋门就是其中的一个。它是为纪念君士坦丁大帝在公元 312 年打败马克森提而建造的。君士坦丁凯旋门长 25.7m，宽 7.4m，高 21m，有 3 个拱门，其上的雕塑精美绝伦、恢宏大气，千年过去，已是残迹斑斑，却仍在风雨中屹立。

勃兰登堡门位于德国首都柏林的市中心，最初是柏林城墙的一道城门，因通往勃兰登堡而得名。普鲁士国王为纪念普鲁士在七年战争取得的胜利，下令重新建造勃兰登堡门，历经三年完工。勃兰登堡门是一座新古典主义风格的砂岩建筑，仿照了希腊雅典卫城的柱廊建筑风格。勃兰登堡门高 26m，宽 65.5m，深 11m，由 12 根各 15m 高、底部直径 1.75m 的多立克柱式立柱支撑着平顶，东西两侧各有 6 根爱奥尼柱式雕刻，前后立柱之间为墙，将门楼分隔成 5 个大门，正中间的通道略宽，大门内侧墙面用浮雕刻画了罗马神话中最伟大的英雄海格力斯、战神玛尔斯以及智慧女神、艺术家和手工艺人的保护神米诺娃。

巴黎凯旋门，位于法国巴黎戴高乐星形广场的中央，又称“星形广场凯旋门”，为巴黎四大代表建筑之一，设计者是沙勒格兰。凯旋门全部由石材建成，为单一拱形门，高 48.8m，宽 44.5m，厚 22m，中心拱门宽 14.6m。四面各有一门，门上有许多精美的雕像，门内刻有跟随拿破仑·波拿巴远征的数百名将军的名字，外墙上刻有取材于 1792—1815 年间法国战史的巨幅雕像。所有雕像各具特色，同门楣上花饰浮雕构成一个有机的整体，俨然是一件精美动人的艺术品。正面有四幅浮雕——《马赛曲》《胜利》《抵抗》和《和平》。

朝鲜平壤凯旋门，是为了庆祝朝鲜领袖金日成战胜入侵朝鲜的日本及美国入侵者，使朝鲜获得独立并建立社会主义制度国家而建造的。平壤凯旋门其规模居世界诸凯旋门之冠。它用了 10500 多块花岗石建造，高 60m，宽 52.5m，拱形门洞高 27m，宽 18.6m。4 根花岗石支柱上，刻有金日成先生投身抗日战争及凯旋归国的雕像，它的东面和西面的墙面有长白山的浮雕，南面及北面的墙面雕刻有朝鲜民谣。

1 | 意大利罗马斗兽场外观

2 | 意大利罗马斗兽场内部空间

3 | 中国国家体育场“鸟巢”外观结构

4 | 中国国家体育场“鸟巢”内部空间

○经典范例——体育场

○欣赏分析

意大利罗马斗兽场也称科洛西姆竞技场，又称“弗拉维圆剧场”，是古罗马时期在新观念、新材料、新技术的运用上的典范。罗马斗兽场规模宏大，设计精巧，具有极强的实用性。其建筑水平更是令人惊叹，可以说在当时达到了登峰造极的地步。欧洲的许多其他地区，直到千年以后，才出现了同等水平的建筑。尤其是立柱与拱券的成功运用。它用砖石材料，利用力学原理建成的跨空承重结构，不仅减轻了整个建筑的重量，而且让建筑物具有动感和向外延伸的感觉。这种建筑形式，建筑学界至今仍在广为借鉴。而罗马斗兽场的建筑结构、功能和形式，更成了露天建筑的典范。可以说现代体育场的设计思想就是源于古罗马的斗兽场。

中国国家体育场“鸟巢”的设计者是赫尔佐格、德梅隆。“鸟巢”坐落在奥林匹克公园中央区平缓的坡地上，场馆如同一个巨大的容器，高低起伏的外观缓和了建筑的体量感，空间效果既具有前所未有的独创性，又简洁典雅。体育场的外观为纯粹的结构外露，立面与结构达到完美的统一。结构的组件相互支撑，形成网络状的构架，其立面、楼梯及屋顶完美有机地融为一体，宛如金属树枝编制而成的巨大鸟巢。作为北京奥运会的场馆，“鸟巢”创造了“世界之最”——世界上跨度最大的钢结构建筑。

西方古典建筑艺术欣赏

课题三　早期古典建筑

古希腊、古罗马时期，创造了一种以石制的梁柱作为基本构架的建筑形式，这种建筑形式经过文艺复兴及古典主义时期的进一步发展，一直延续到 20 世纪初，在世界上成为一种具有历史传统的西方古典建筑体系。西方古典主义建筑造型严谨，普遍应用古典柱式，内部装饰丰富多彩，对欧洲乃至世界许多地区的建筑发展产生了巨大的影响，在世界建筑史中占有重要的地位。

任务一　古埃及建筑欣赏

古埃及建筑不仅是古代建筑文明的重要组成部分，也是开启欧洲古代建筑文明发展的主要源头。古埃及时期大型石构建筑在建筑结构、布局和柱式体系等方面形成的宝贵经验，对此后古希腊和古罗马文明所取得的辉煌建筑成就具有很重要的影响。古埃及在建筑上的伟大成就集中体现在两种形式：一种是陵墓，即金字塔；另一种是神庙，最为著名的有卡纳克神庙和卢克索神庙。

1 | 2

1 | 吉萨金字塔群俯视图

2 | 吉萨金字塔群

○经典范例——吉萨金字塔群

古埃及胡夫金字塔近景 | 1
古埃及狮身人面像 | 2

金字塔是古埃及国王的陵墓。吉萨金字塔群是古埃及金字塔的代表，主要由胡夫金字塔、哈弗拉金字塔、门卡乌拉金字塔及大狮身人面像组成。

胡夫金字塔是古埃及金字塔中最大的金字塔，塔高 146.6m，底边长 230.5m，因年久风化，顶端剥落 10m，现高 136.6m，它的规模是埃及迄今发现的 108 座金字塔中最大的。

哈弗拉金字塔是胡夫的儿子哈弗拉国王的陵墓。哈弗拉金字塔高 143.5m，底边长 215.25m。建筑形式更加完美壮观，塔前建有庙宇等附属建筑和著名的狮身人面像。狮身人面像的面部参照哈弗拉，身体为狮子，高约 22m，长约 46m，雕像的口宽 2.5m 多，整个雕像除狮爪外，全部由一块天然岩石雕成。

门卡乌拉金字塔是胡夫的孙子门卡乌拉国王的陵墓。当时正是第四王朝衰落时期，门卡乌拉金字塔高度突然降低到高 66.4m，底边长 108.04m，内部结构倒塌。

○欣赏分析

在一望无际的大沙漠边缘，金字塔以其稳定、简单、巨大的形体，巍然屹立，灿烂生辉，与周围的自然环境相配合，构成一个浑然和谐的整体。它的美学特点是形体高大、整齐划一，具有庄严、稳重、对称、均衡、单纯、直观的原始美，具有一种震撼人心的巨大力量。埃及金字塔内部结构匠心独运，自成一派，体现了当时设计者高超的智慧。建筑历经沧桑、千年不倒、气势雄伟，突显了当时先进的技术水平和精湛的艺术水准。

1
2 3
4 5

1 古埃及卡纳克神庙公羊甬道
2 古埃及卡纳克神庙公羊甬道局部
3 古埃及卡纳克神庙内部雕刻
4 古埃及卡纳克神庙柱式
5 古埃及卢克索神庙

○欣赏分析

古埃及人不仅在大型石材的开凿、运输、结构设计、定位和施工等方面具有很高的技术水平；同时，古埃及人以结合传统神学思想为基础，在建筑空间氛围的营造、雕刻装饰的象征意义等的处理手法上也具有了较高的艺术水准。古埃及建筑主要采用梁柱结构，为了支撑建筑顶部厚厚的石板屋顶，建筑底部的支柱排列非常密集。以梁柱系统为主的建筑体系逐渐发展成熟，并形成了初步的柱式规则。

1 | 2
3 | 4

1 | 古埃及卢克索神庙石柱

2 | 古埃及卢克索神庙石像雕刻

3 | 古埃及彩色浮雕壁画

4 | 古埃及浮雕壁画

○相关知识

（一）古埃及雕刻

古埃及雕像造型具有明显的程式化特征。表现人物时，人像通常表现为侧面的头像，身体的双肩及上段是正面像，而腿和脚可以是侧面的。这就是所谓的“正身侧面率”的特征。这种造型源于强烈的宗教感情，固定的姿态、装束和色彩，类似立体绘画。

（二）古埃及家具

1 | 古埃及装饰石板一

2 | 古埃及装饰石板二

3 | 古埃及家具一

4 | 古埃及家具二

5 | 古埃及家具三

古埃及工艺美术虽然历史悠久，但许多作品在造型设计、装饰技艺及材料应用和整体表现手法上，蕴涵着某些现代审美意识和现代工艺的要素。譬如几何形体与几何纹样的应用、形态的变形处理和刻意的装饰性表现等。

古埃及家具采用几何直线或动物腿脚，螺旋形植物图案装饰，用色鲜明，富有象征性。古埃及家具对英国摄政时期和维多利亚时期及法国帝国时期的家具影响显著。

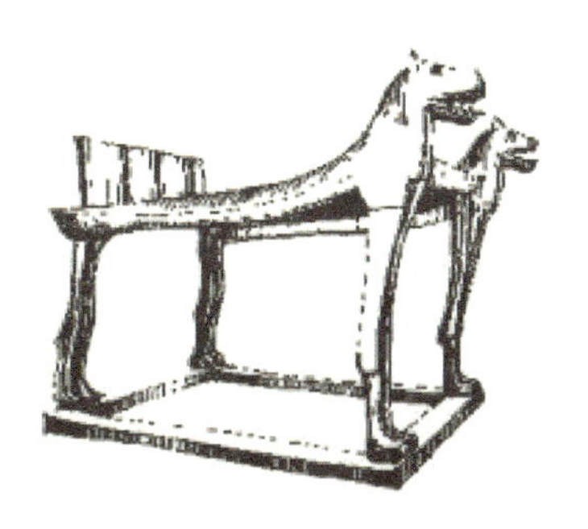

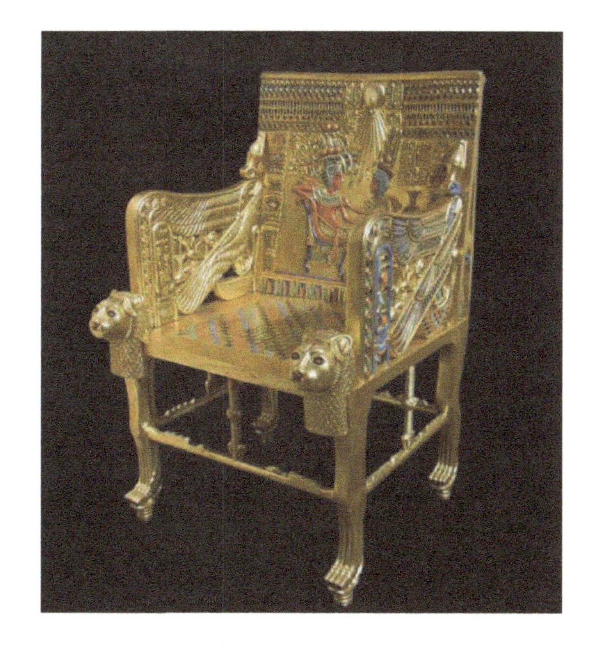

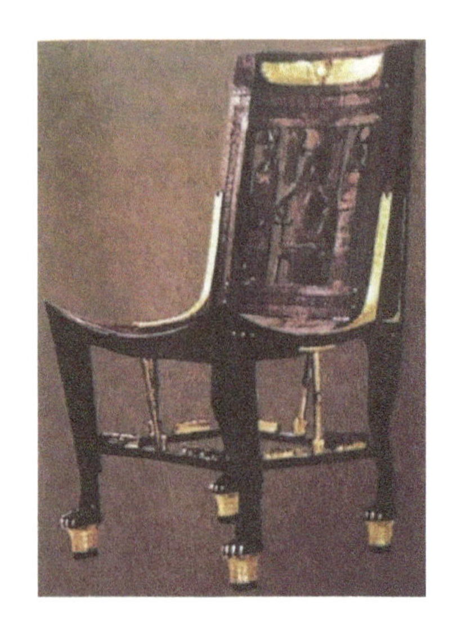

1	2
3	4
5	6

1 | 兽爪椅

2 | 刻有少女和图坦卡蒙王名字的木椅

3 | 帕特农神庙

4 | 伊瑞克提翁神庙

5 | 雅典娜胜利神庙

6 | 雅典的宙斯神庙

任务二 古希腊建筑欣赏

古希腊是西欧建筑的开拓者，其风格具有构图严格，形体优美，高贵纯朴，壮穆宏伟等特点。古希腊的一些建筑的形制、建筑和建筑群设计的一些原则和经验以及它的石质梁柱结构构件及其组合的特定的建筑艺术形式，在后期都成为西欧建筑的典范，深深地影响着欧洲两千多年的建筑艺术发展。

○图片欣赏

○经典范例——雅典卫城建筑群

1 雅典卫城迈锡尼狮子门

2 米诺斯王宫遗址

3 雅典卫城建筑群

4 伊瑞克提翁神庙建筑西面外观

5 伊瑞克提翁神庙平面图

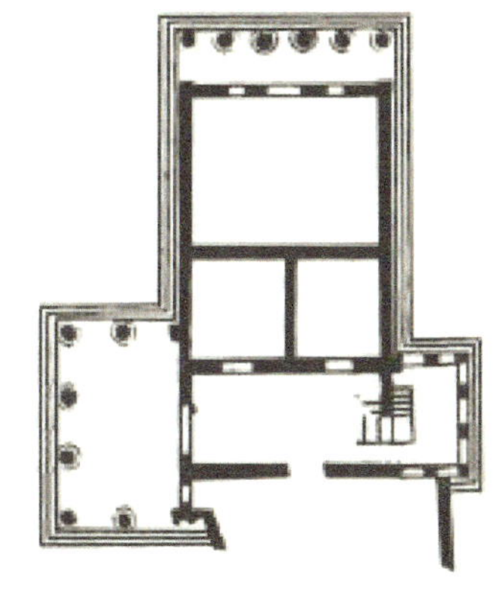

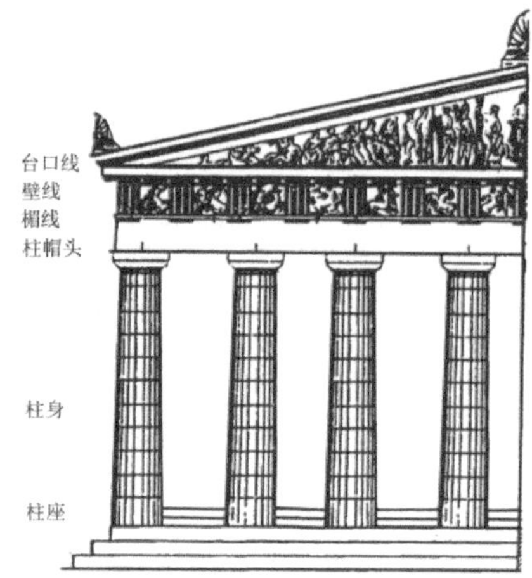

卫城在雅典城中央一个不大的孤立山冈上，山顶大致平坦，高于平地70～80m。东西长约280m，南北最宽处约130m。雅典卫城及其主要建筑包括：山门、雅典娜胜利神庙、帕特农神庙、伊瑞克提翁神庙以及雅典娜雕像。

帕特农神庙 | 1
帕特农神庙左半立面图 | 2
雅典卫城山门剖面图 | 3
雅典卫城山门平面图 | 4

1. 山门

山门仍旧采用5柱门廊的形式，两边的两个门廊较窄，中间的门廊较宽且采用坡道形式，以供朝圣的车辆通行。卫城山门是在极不规则基址上营造出雄伟建筑形象的成功范例，综合运用了两种新比例柱式的做法，是卫城建筑既遵守规则又勇于创新的体现。

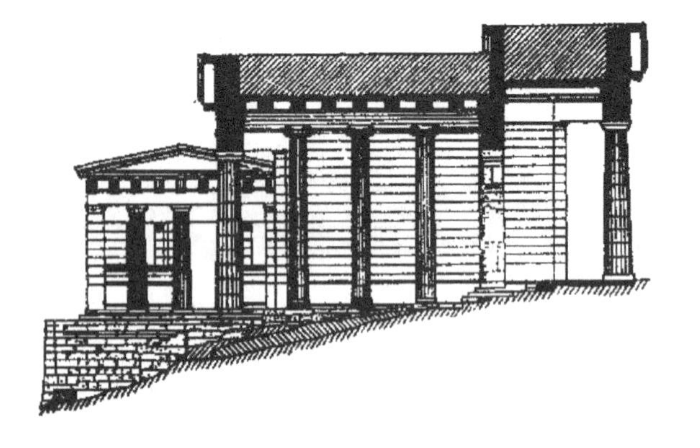

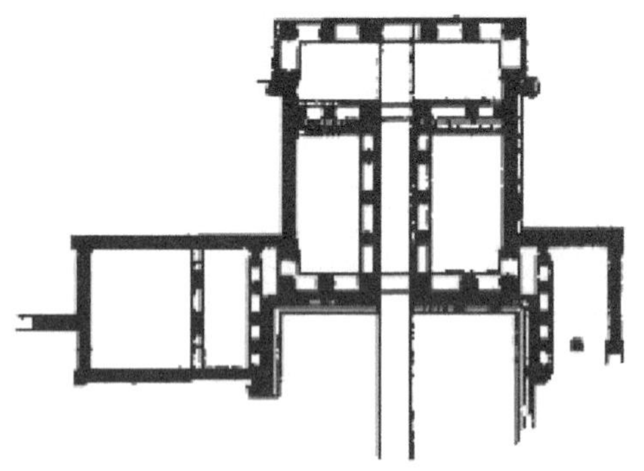

2. 雅典娜胜利神庙

山门两侧不对称，由南边的胜利神庙求得均衡。这座神庙的体型非常小，面积大约只有44.28m^2。这座神庙的主体建筑平面是正方形的，但没有采用传统的围廊建筑形式，而是在建筑前后各加入了一段四柱的爱奥尼门廊。

3. 帕特农神庙

帕特农神庙的建筑规模极为宏伟。它长约69.5m，宽约30.8m，高约13.7m，是一座8×17柱的多立克式围廊建筑，也是古希腊建筑与数学成果相结合的产物。建筑中的所有设置都是为矫正视差所做。纵观整座帕特农神庙，无论是水平或是下垂的线条看起来都是直线，而事实上在这座建筑中并没有一条真正的直线，那些所谓的直线不过是建筑师们凭借着超人的技艺和非凡的判断力，通过对人眼视差的估算进行巧妙弥补后的结果。

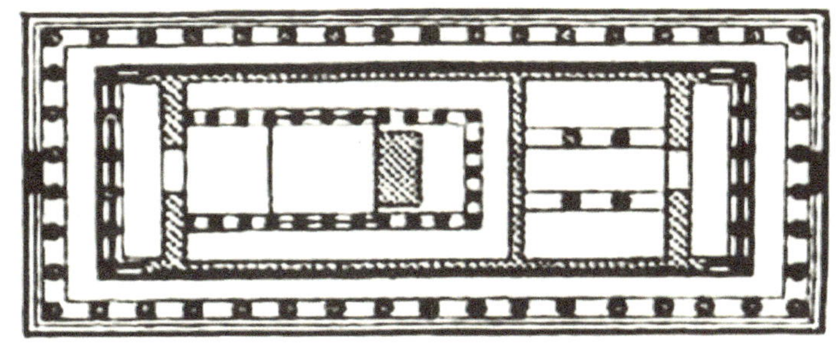

4. 伊瑞克提翁神庙

伊瑞克提翁是传说中的雅典人的始祖。他的这座庙是爱奥尼柱式的，在帕特农之北，基址本是一块神迹地，圣堂横跨在南北向的断坎上，南墙正在东西向断坎的上沿。东部是主要的雅典娜胜利神庙正殿。西部有开刻洛斯的墓，比东部低 3.206m。在北门前造了面阔三间的柱廊，恰好覆盖了波赛顿的井和古老的宙斯祭坛。为了考虑山下的观瞻，北柱廊进深两间，向前凸出到离山顶边缘只有 11m。从东、西两端看也更匀称一点。南立面是一大片封闭的石墙。伊瑞克提翁神庙的各个立面变化很大，体形复杂，但都构图完整均衡，而且各立面之间互相呼应，交接妥善。在整个古典时代，它的形式都是最奇特的。

1 | 帕特农神庙立面图

2 | 帕特农神庙平面图

3 | 雅典卫城山门局部

4 | 伊瑞克提翁神庙局部

○欣赏分析

古希腊建筑构图严格，形体优美。特别是留给人类最宝贵的遗产——“柱式”，这一建筑造型的基本元素，历经两千多年仍长盛不衰。

古希腊时期的三种经典柱式

多立克（Doric）柱式　其特点是比例较粗壮，开间较小，柱头为简洁的倒圆台，柱身有尖棱角的凹槽，柱身收分、卷杀较明显，没有柱础，直接立在台基上，檐部较厚重，线脚较少，多为直面。总体上力求刚劲、质朴有力、和谐，具有男性的体态和雄壮之美。

爱奥尼（Ionic）柱式　其特点是比例较细长、开间较宽，柱头有精巧的圆形涡卷，柱身带有小圆面的凹槽，柱础为复杂组合，柱身收分不明显，檐部较薄，使用多种复合线脚。总体上风格秀美、华丽，具有女性的体态与温柔之美，如胜利神庙的柱式。

晚期成熟的科林斯（Corinthian）柱式　科林斯柱式实际上是爱奥尼柱式的一个变体，两者各个部位都很相似，比例比爱奥尼柱更为纤细，只是柱头以毛茛叶纹装饰，而不用爱奥尼柱式的涡卷纹。毛茛叶层叠交错环绕，并以卷须花蕾夹杂其间，看起来像是一个花枝招展的花篮被置于圆柱顶端，其风格也由爱奥尼柱式的秀美转为豪华富丽，装饰性很强，但是在古希腊的应用并不广泛，雅典的宙斯神庙采用的就是科林斯柱式。

古希腊三种柱式

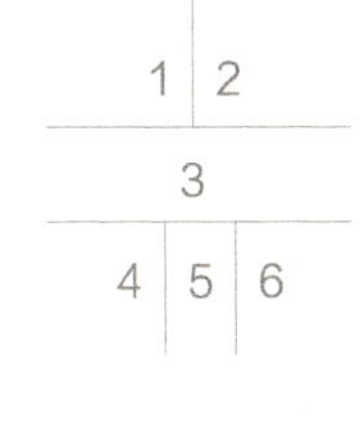

1 多立克柱式
2 爱奥尼柱式
3 科林斯柱式
4 古希腊克里斯莫斯椅
5 古希腊克利奈躺椅和小桌
6 古希腊地夫罗斯凳

○相关知识

古希腊家具简单朴素，比例优美，装饰简朴，有丰富的织物装饰，其中著名的“克利奈”椅，是最早的形式，有曲面靠背，前后腿呈“八”字形弯曲。

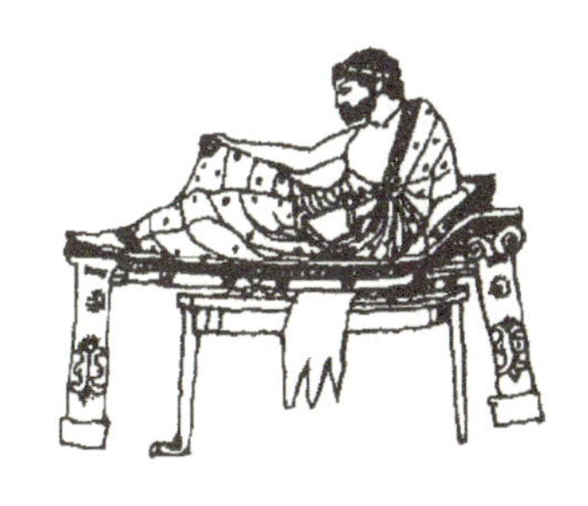

任务三 古罗马建筑欣赏

古罗马时期，建筑宏伟，空间丰富，直接继承了古希腊晚期的建筑成就，开拓了新的建筑领域，丰富了建筑艺术手法，在建筑形制、技术和艺术方面成就广泛。

卡拉卡拉浴场近景 | 1
罗马斗兽场远景 | 2
卡拉卡拉浴场远景 | 3
君士坦丁凯旋门 | 4
图拉真广场 | 5
罗马斗兽场内景 | 6

1	2
3	4
5	6

○图片欣赏

○经典范例——万神庙

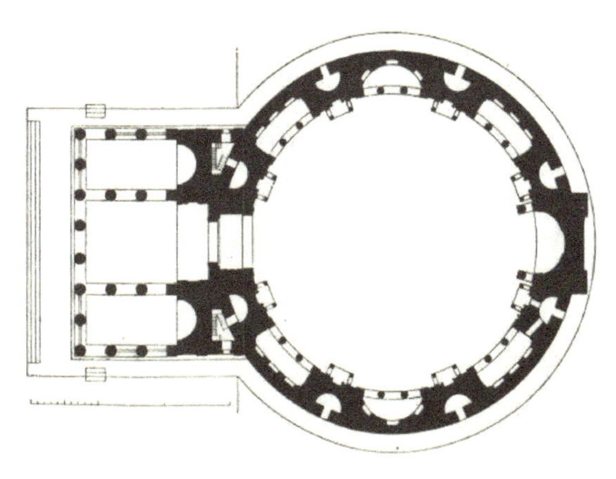

1 | 万神庙俯视图

2 | 万神庙内景

3 | 万神庙剖面图

4 | 万神庙平面图

万神庙是一座用来供奉罗马神祇和包括奥古斯都在内的古罗马先贤的庙宇。万神庙采用了穹顶覆盖的集中式形制，是单一空间、集中式构图的建筑物的代表，它也是罗马穹顶技术的最高代表。平面与剖面内径都是43.3m。顶部有直径为8.9m的圆洞。

万神庙完全颠覆了希腊式神庙的形象，是一座将古希腊门廊与半球形穹顶的新建筑形式相结合的产物。万神庙门廊高大雄壮，面阔33m，正面有长方形柱廊，柱廊宽34m，深15.5m；有科林斯式石柱16根，分3排，前排8根，中、后排各4根。柱头和柱基是白色大理石，大门扇、瓦、廊子里的天花为铜制并包着金箔。

○欣赏分析

（一）古罗马柱式与希腊柱式比较

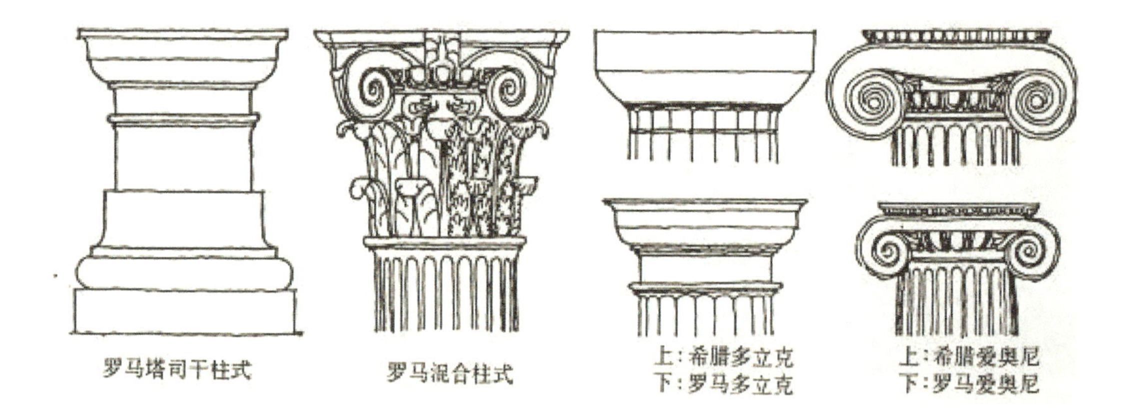

（二）古罗马建筑艺术成就

古罗马的建筑艺术继承古希腊的三种柱式并发展为五种柱式：多立克柱式、爱奥尼柱式、科林斯柱式、塔司干柱式、混合柱式。古罗马解决了拱券结构的笨重墙墩同柱式艺术风格的矛盾，创造了券柱式，为建筑艺术造型创造了新的构图手法。解决了柱式与多层建筑的矛盾，发展了叠柱式，创造了水平方面划分构图形式。为了适应高大建筑体量构图，创造了巨柱式的垂直式构图形式；创造了拱券与柱列的结合以及将券脚立在柱式檐部上的连续券；解决了柱式线脚与巨大建筑体积的矛盾，用一组线脚或复合线脚代替简单的线脚。

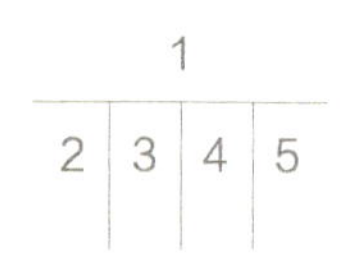

1 古罗马柱式与希腊柱式比较
2 筒拱
3 十字拱
4 交叉拱
5 穹隆

（三）古罗马建筑技术成就

古罗马创造出一套复杂的拱顶体系，使古罗马建筑与古代任何其他国家的建筑，都有极大的不同。结构方面在古希腊的基础上发展了梁柱与拱券结构技术。建筑材料除砖、木、石外使用了火山灰制的天然混凝土，并发明了相应的支模、混凝土浇灌及大理石饰面技术。

拱券结构是罗马最大成就之一，种类繁多，罗马建筑的布局方式、空间组合、艺术形式都与拱券结构技术、复杂的拱顶体系密不可分。如筒拱、交叉拱、十字拱、穹隆（半球）等。

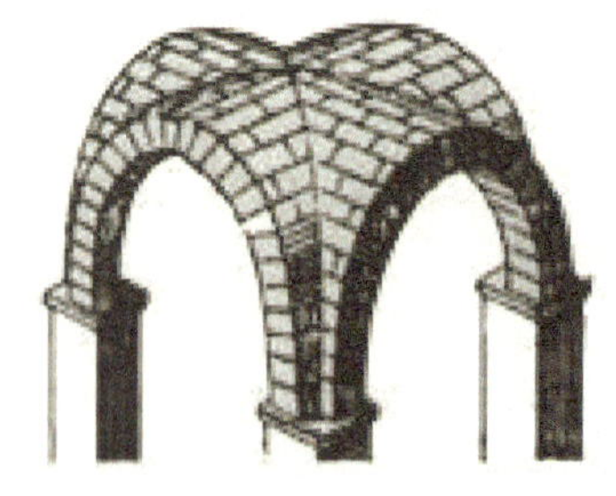
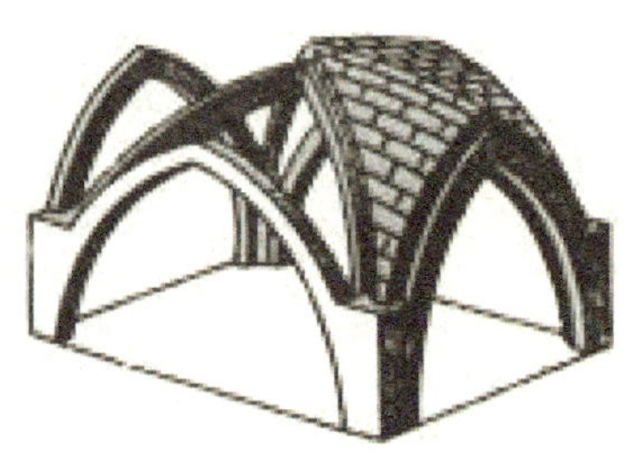
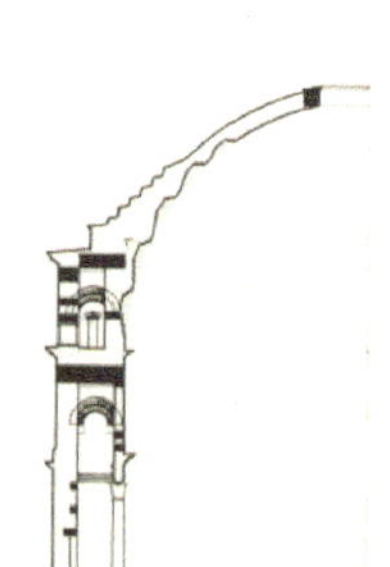

○**相关知识**

（一）古罗马时期重要建筑类型

1. 剧场

在希腊半圆形露天剧场基础上，对剧场的功能、结构和艺术形式都有很大提高。剧场舞台后面的化妆室扩大，成为一幢庞大的多层建筑物。

观众席下面是楼梯和环廊。观众席里以纵过道为主。支承观众席的拱为放射形排列，施工相当复杂。

2. 罗马斗兽场

斗兽场在功能、结构和形式上取得了高度的和谐统一，是现代体育场建筑的原型。斗兽场长轴 188m，短轴 156m，中央的表演区长轴 86m，短轴 54m。观众席大约有 60 排座，逐排升起，分为 5 区。

底层有石墩子，平行排列，每圈 80 个。外面三圈墩子之间是两道环廊，用顺向的筒形拱覆盖，由外而内，第四和第五、第六和第七圈墩子之间也是环廊，而第三和第四、第五和第六圈墩子之间为混凝土墙，墙上架拱，呈放射形排列。整个庞大的观众席就架在这些环形模和放射形拱上。

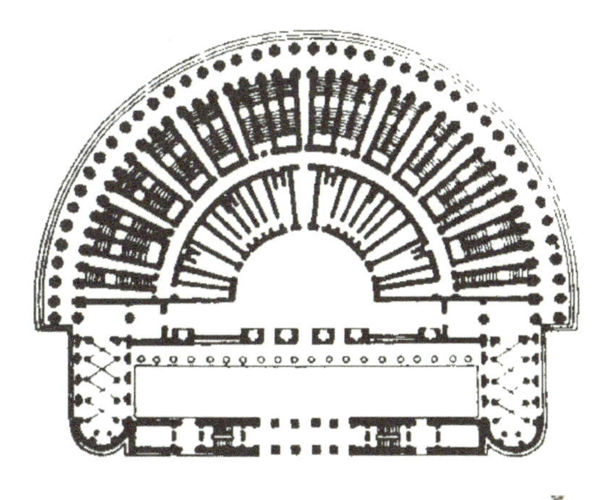

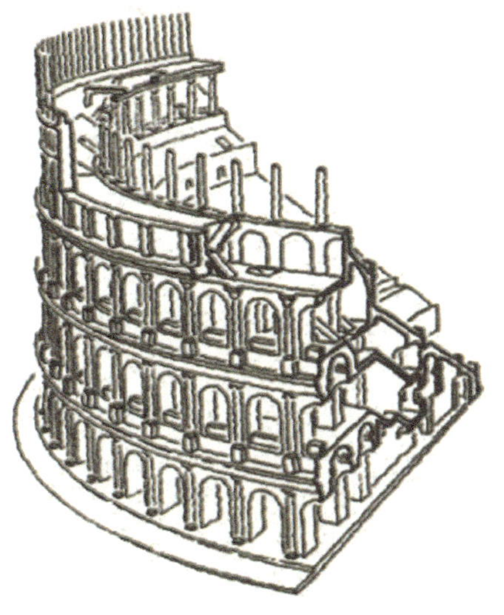

1 | 2
3

1 马采鲁斯剧场复原
2 马采鲁斯剧场平面图
3 罗马斗兽场剖面图

3．公共浴场

公共浴场的代表是卡拉卡拉浴场。卡拉卡拉浴场有供暖措施，地板、墙体，甚至屋顶都通上管道，输入热水或热烟，因此它较早地抛弃了木屋架，成为公共建筑中最先使用拱顶的建筑物。

卡拉卡拉浴场建筑有 3 个优点：

第一，结构十分出色。它的核心，温水浴大厅，是横向三间十字拱。

第二，功能很好。由于结构体系先进，全部活动可以在室内进行，各种用途的大厅联系紧凑。

第三，内部空间组织得简洁而又多变，开创了内部空间序列的艺术手法。

4．凯旋门建筑

凯旋门建筑是由古罗马时期凯旋的战士们须从一道象征胜利的大门中行进穿过的习俗演化而来的。古罗马许多执政者都热衷于修建凯旋门，凯旋门是战争胜利的纪念碑，同时也是雕刻艺术的精品。其基本建筑形制为规则的立方体建筑形式，中间开设有 1 大 2 小 3 个拱券门洞。在凯旋门正反两面各设置 4 根装饰性壁柱，柱子上部按照建筑额枋形式用线脚进行装饰，但上部额枋立面被拉高，用以雕刻铭文。比较著名的有罗马共和时期广场上的塞维鲁凯旋门，而最具代表性的则是君士坦丁凯旋门。

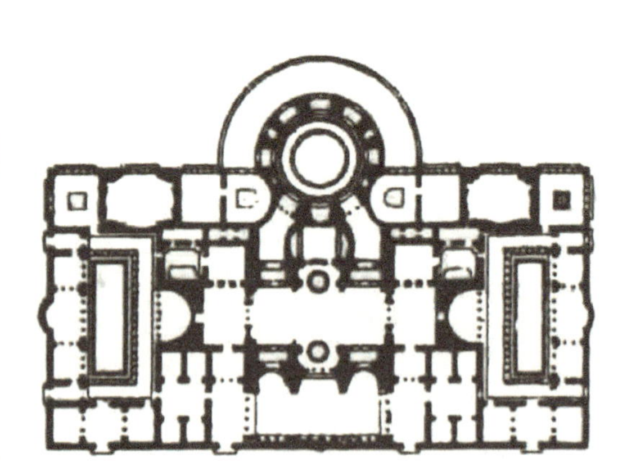

1
2 3

1 卡拉卡拉浴场总平面图及主体平面图
2 塞维鲁凯旋门
3 提图斯凯旋门

5. 巴西利卡

罗马的法庭巴西利卡是一种主要的世俗性建筑类型，它对后来的建筑具有决定性的影响。古罗马的巴西利卡，是一种综合了法庭、交易会所与会场等多种功能的大厅性建筑。其平面一般为长方形，两端或一端有半圆形龛，大厅常被 2 排或 4 排柱子纵分为 3 或 5 部分。其中部宽且高，称为中厅；两侧部分狭且低，称为侧廊，侧廊上面有夹层。

6. 公共设施

罗马城早在兴建之初，就已经提前修造了发达的地下排水管道，这些管道使在城市各处产生的污水迅速排出，避免了疾病的产生和流行。而与发达的排水管道系统相配合的，是一个位于地上的、发达的多级输水管道系统。

加尔德输水管道位于法国，因为输水管道横跨一条河，所以在底部加建了带拱洞的大桥，形成三层拱券叠加的桥梁形式。

古罗马由国家承建的公路都有统一的做法，路面分别由三层逐渐变小的石块层、砂层和岩板路面构成，路两边还建有排水沟以利排水。

7. 古罗马家具

古罗马家具设计是希腊式样的变体，家具厚重，装饰复杂、精细，采用镶嵌与雕刻，旋车盘腿脚、动物足、狮身人面及带有翅膀的鹰头狮身的怪兽。在家具中结合了建筑特征，采用了建筑处理手法，三腿桌和基座很普遍，使用珍贵的织物和垫层。

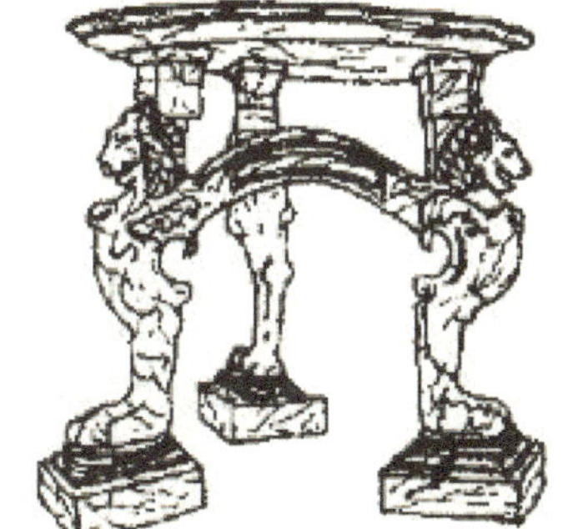

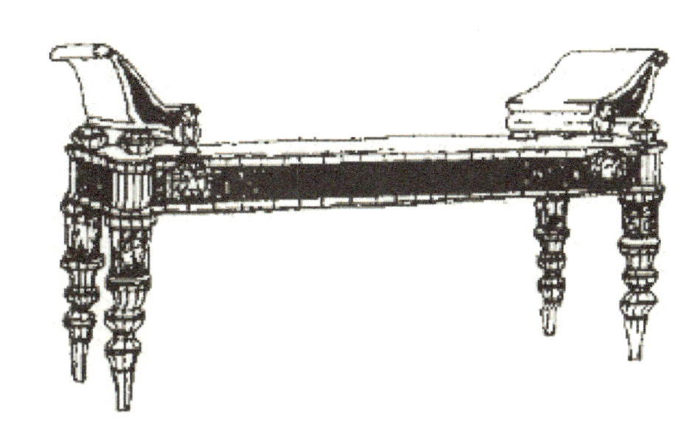

1 | 古罗马大理石半圆桌

2 | 古罗马大理石床

课题四　中世纪建筑

公元 476 年西罗马帝国灭亡直到 14 ～ 15 世纪资本主义制度萌芽，这个欧洲的封建时期被称为中世纪。在中世纪中前期，欧洲四分五裂，在此期间东西欧两个帝国范围内的国家都名存实亡，中央政权衰退，小国割据。这一时代的后期，神权甚至高于政权，因此宗教建筑盛行。

西欧和东欧的中世纪历史很不一样。它们的代表性建筑物，分别是天主教堂和东正教教堂，这些建筑在形制上、结构上和艺术上也都不一样，分别为两个建筑体系。经过不断发展，东欧的东正教教堂大大发展了古罗马的穹顶结构和集中式形制，而西欧的天主教堂则大大发展了古罗马的拱顶结构和巴西利卡形制。

任务一 拜占庭风格建筑欣赏

公元395年，罗马正式分裂为东西两部，以君士坦丁堡为首都的东罗马帝国，又称拜占庭帝国。中世纪前期皇权强大，教会为皇权服务；此时的拜占庭文化世俗性很强，保存和继承了大量古希腊和古罗马的文化；同时它也汲取了波斯、两河流域等地的文化成就，这使得拜占庭建筑形成了独特的体系。

中世纪中后期，由于政权因素和战乱，拜占庭帝国日渐式微直到灭亡。建筑的发展情况在这一阶段开始逐渐与不同地域建筑形制风格之间相互交流与相互影响；经过汲取不同区域建筑的文化成就、发展自身的同时，拜占庭的建筑又提高了与它产生交流的地区的建筑，更对后来的建筑产生了影响。

○图片欣赏

1	2
3	4
5	6

圣索菲亚大教堂远景 | 1
圣索菲亚大教堂内景 | 2
圣马可大教堂 | 3
圣马可大教堂的内饰 | 4
圣马可大教堂的浮雕与壁画 | 5
圣马可大教堂的穹顶 | 6

○经典范例——圣索菲亚大教堂

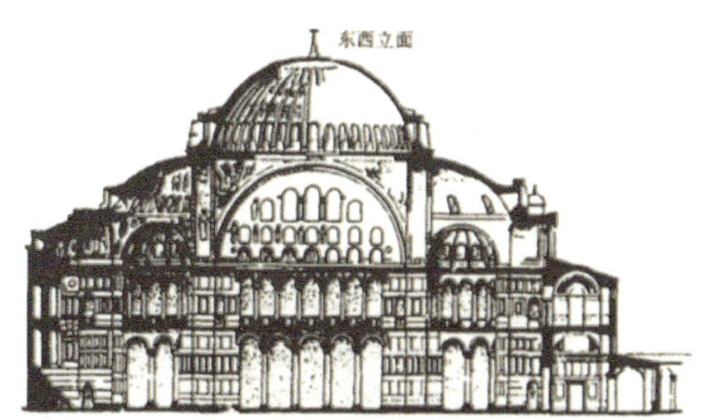

1 | 圣索菲亚大教堂立面图一

2 | 圣索菲亚大教堂立面图二

3 | 圣索菲亚大教堂内院

4 | 圣索菲亚大教堂内饰

5 | 圣索菲亚大教堂大厅

6 | 圣索菲亚大教堂大理石柱

圣索菲亚大教堂位于拜占庭帝国君士坦丁堡，是集中式的，东西长 77.0m，南北长 71.0m。圣索菲亚大教堂的第一个成就是它的结构体系。教堂正中是直径 32.6m，高 15m 的穹顶，有 40 个肋，通过帆拱架在 4 个 7.6m 宽的墩子上。中央穹顶的南北方向则以 18.3m 深的四片墙抵住侧推力。这套结构的关系明确，层次井然。圣索菲亚教堂的第二个成就是它的既集中统一又曲折多变的内部空间。圣索菲亚教堂中央穹顶下的空间同南北两侧是明确隔开的，而同东西两侧相统一，增大了纵深的空间，比较适合宗教仪式的需要。圣索菲亚大教堂的第三个成就是它内部灿烂夺目的色彩效果。墩子和墙全用彩色大理石贴面，有白、绿、黑、红等颜色。柱头一律用白色大理石，镶着金箔。柱头、柱基和柱身的交界线都有包金的铜箍。穹顶和拱顶全用玻璃马赛克装饰，大部分是金色底子的，少量是蓝色底子的。地面也用马赛克铺装。

○欣赏分析

拜占庭建筑的成就体现在技术和艺术两个方面。就技术而言，它创造了把穹隆顶支撑在四个或更多的独立支柱上的结构。以帆拱作为中介连接，发明了采用抹角拱或帆拱来解决下部立方体空间和上部圆形底边的穹窿之间过渡及衔接问题，从而发展了集中式的建筑形制，使成组的圆顶集合在一起，形成广阔而有变化的新型空间形象，成为后世建造宏伟的纪念性建筑物的最佳选择。

由于技术的创新，拜占庭建筑艺术也获得了新生。首先，结构体系的改进使得富有纪念意义的集中式垂直构图成为可能。同时，为了减轻这种砖石结构体系的重量，拱顶和穹隆多用空陶罐砌筑，因而需要进行大面积的装饰。拜占庭建筑的装饰以彩色大理石板贴于平直的墙面，而拱券和穹隆的表面则饰以马赛克或粉画，形成了拜占庭建筑装饰的基本特点。

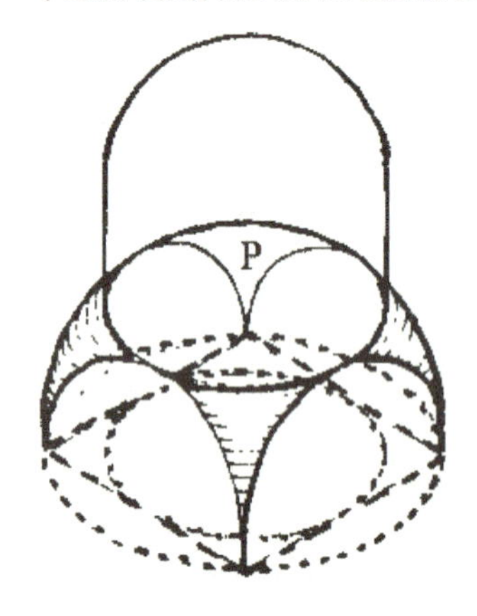

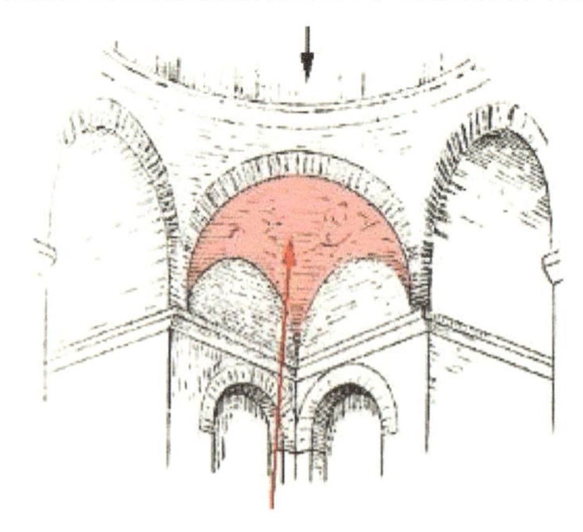

帆拱示意图 | 1

帆拱在建筑中的位置 | 2

圣马可大教堂 | 3

○相关知识

(一) 拜占庭建筑的典型代表

拜占庭建筑杰出代表是圣索菲亚大教堂，另一个值得一提的就是威尼斯的圣马可大教堂。圣马可大教堂平面为希腊十字形，有 5 道雄伟的拱门，正中间的那道尺度最大，每个拱门又由上下内外 3 层半圆构成，非常讲究层次和进深感。设计师非常注重穹顶对于整个建筑外观的影响，采用在原结构上加建一层鼓身较高的木结构穹隆的方法，使穹顶在圣马可广场上就能被看见。

（二）希腊十字式教堂

中央的穹顶和它四面的筒形拱成等臂的十字，得名为希腊十字式。希腊十字式教堂内部空间的中心在穹顶之下，但东面有 3 间华丽的圣堂，要求成为建筑艺术的焦点。因此，教堂的纪念性形制同宗教仪式的神秘性，不完全契合。

还有一种结构做法，即在中央穹顶 4 面用 4 个小穹顶代替筒形拱来平衡中央拱顶的侧推力，例如君士坦丁堡的阿波斯多尔教堂（公元前 6 世纪）和以弗所的圣约翰教堂，不过它们的小穹顶并不突出而成为外观的因素。但作为拜占庭正教教堂的代表的，是中央大穹顶和 4 面 4 个小穹顶，都用鼓座高举，以中央的为最大最高，在外观上显现出一簇 5 个穹顶。这种形制在东欧广泛流行。

1 | 君士坦丁堡的阿波斯多尔教堂平面图

2 | 以弗所的圣约翰教堂平面图

3 | 拜占庭建筑中常见的拱柱头

（三）拜占庭建筑的装饰

拜占庭建筑内部的装饰是墙面上贴彩色大理石板，拱券和穹顶表面不便于贴大理石板，就用马赛克或者粉画。马赛克在古希腊的晚期曾经在地中海东部广泛流行。马赛克是用半透明的小块彩色玻璃镶成的。为了保持大面积画面色调的统一，在玻璃块后面先铺一层底色。彩色斑斓的马赛克统一在黄金的色调中，格外明亮辉煌。

拜占庭建筑用石头砌筑发券、拱脚、穹顶底脚、柱头、檐口和其他承重或转折的部位，在它们上面做雕刻装饰。

（四）拜占庭风格家具

拜占庭家具继承了罗马家具的形式，并融合西亚的艺术风格，趋于更多的装饰，如：拜占庭马西米阿奴斯王座。这一时期雕刻、镶嵌最为多见，有的则通体施以浮雕。装饰手法常模仿罗马建筑上的拱券形式，无论旋木或镶嵌装饰，节奏感很强，如：拜占庭王座。镶嵌常用象牙、金银，偶尔也用宝石。象牙雕刻堪称一绝，如取材于《圣经》的象牙镶嵌小箱，采用木材作为主体材料，并用金、银、象牙镶嵌装饰表面。

1 | 2
3

拜占庭象牙镶嵌小箱 | 1
拜占庭马西米阿奴斯王座 | 2
拜占庭王座 | 3

任务二 罗马式建筑欣赏

罗马式建筑是 10 ～ 12 世纪，欧洲基督教流行地区的一种建筑风格。罗马式建筑原意为罗马建筑风格的建筑。这种建筑风格多见于修道院和教堂，给人以雄浑庄重的印象；是 10 世纪晚期到 12 世纪初欧洲的建筑风格，因采用古罗马式的券、拱而得名，对后来的哥特式建筑影响很大。

由于战乱，中世纪建造的建筑以安全性作为相当重要的因素来考虑。把厚实坚固的基础和罗马拱顶相结合，使各种类型的建筑都具有半防御功能。这时的建筑主要包括基督教堂、封建城堡、教会修道院等，其规模远不及古罗马时代，形式上略有古罗马风格，因此得名罗马式建筑。

1 | 德国施派尔大教堂内景
2 | 意大利比萨教堂
3 | 德国施派尔大教堂远景
4 | 德国沃尔姆斯大教堂
5 | 德国亚琛大教堂远景
6 | 德国亚琛大教堂内景

○图片欣赏

○经典范例——亚琛大教堂

亚琛大教堂位于德国亚琛市，属于罗马式建筑早期阶段的作品。其平面为八边形，上覆八边形穹顶，中厅被楼座环绕，上方每边各开一高侧窗。

○经典范例——比萨教堂

比萨教堂建筑群由比萨主教堂、钟塔和洗礼堂等组成，是意大利中世纪最重要的建筑群之一。三座建筑中洗礼堂和教堂处于同一中轴线上，洗礼堂在前，钟塔在教堂的东南侧，体量与洗礼堂相平衡。它们的建筑形式统一，外墙都用白色和红色相间的云石砌筑装饰，同样的连续层叠的半圆列券，造型精致。主教堂是拉丁十字式的，全长95m，有4排柱子，中厅用木桁架，侧廊用十字拱。钟塔（比萨斜塔）在主教堂圣坛东南20多米，圆形，直径大约16m，高55m，分为8层，中间6层围着空券廊，底层只在墙上做浮雕式的连续券，顶上一层收缩，是结束部。洗礼堂也是圆形的，直径35.4m。立面分3层，上两层围着空券廊。后来经过改造，添加了一些哥特式的细部，顶子改成了圆的。三座建筑物都由白色和深红色大理石相间砌成，衬着碧绿的草地，色彩十分明快。空券廊造成的强烈的光影和虚实对比，使建筑物显得很爽朗。

1 | 2
3 | 4

比萨建筑群 | 1

比萨教堂与比萨斜塔 | 2

比萨斜塔近景 | 3

比萨斜塔建筑细节 | 4

1
2 3 4

1 | 法国兰斯大教堂
2 | 法国拉昂大教堂
3 | 英国林肯大教堂
4 | 法国亚眠大教堂

○欣赏分析

罗马式建筑的成就主要在于所创造的扶壁、肋骨拱和束柱在结构和形式上对后来的建筑影响深远。

罗马式建筑其造型特征为承袭早期基督教建筑，平面仍为拉丁十字，西面有一座或两座钟楼。为减轻建筑形体的封闭沉重感，除钟塔、采光塔、圣坛和小礼拜室等形成变化的体量轮廓外，采用古罗马建筑的一些传统做法如半圆拱、十字拱等或简化的柱式和装饰。其墙体巨大而厚实，墙面除露出扶壁外，在檐下、腰线用连续小券，门窗洞口用同心多层小圆券，窗口窄小、朴素的中厅与华丽的圣坛形成对比，中厅与侧廊有较大的空间变化，内部空间阴暗，有神秘气氛。

任务三 哥特式建筑欣赏

哥特式建筑是 11 世纪下半叶起源于法国，13 ～ 15 世纪流行于欧洲的一种建筑风格，主要见于天主教堂，也影响到世俗建筑。巴黎北区王室的圣德尼教堂标志着哥特式教堂结构形式的出现，夏特尔主教堂时教堂的配套方式成型，哥特式教堂成熟的代表是巴黎圣母院，最繁荣时期的作品有法国兰斯大教堂、法国拉昂大教堂、英国林肯大教堂、法国亚眠大教堂等。哥特式建筑高耸挺直，华丽精美，高超的技术和艺术成就，在建筑史上占有重要的地位。

○图片欣赏

○经典范例——教堂

（一）巴黎圣母院

1	2
3	4

1 | 巴黎圣母院一

2 | 巴黎圣母院二

3 | 巴黎圣母院飞扶壁

4 | 巴黎圣母院中门

巴黎圣母院内部玫瑰花窗

巴黎圣母院是一座典型的哥特式教堂。它全部采用石材，其特点是高耸挺拔，辉煌壮丽，整个建筑庄严和谐。圣母院，巨大的门四周布满了雕像。中庭又窄又高又长。巴黎圣母院的主立面是世界上哥特式建筑中最美妙、最和谐的。圣母院平面呈横翼较短的十字形，坐东朝西，正面风格独特，结构严谨。巴黎圣母院正面高 69m，被三条横向装饰带划分三层。

（二）亚眠大教堂

法国亚眠大教堂，位于法国亚眠市的索姆河畔，是法国哥特式建筑盛期的代表作，长 137m，宽 46m，横翼凸出甚少，东端环殿成放射形布置 7 个小礼拜室。中厅宽 15m，拱顶高达 43m，中厅的拱间平面为长方形，每间用一个交叉拱顶，与侧厅拱顶对应。柱子不再是圆形，4 根细柱附在一根圆柱上，形成束柱。细柱与上边的券肋气势相连，增强向上的动势。教堂内部遍布彩色玻璃大窗，几乎看不到墙面。教堂外部雕饰精美，富丽堂皇。这座教堂是哥特式建筑成熟的标志。

（三）科隆大教堂

德国科隆大教堂占地 8000m^2，建筑面积约 6000m^2，东西长 144.55m，南北宽 86.25m。它是由两座最高塔为主门，内部以十字形平面为主体的建筑群。科隆大教堂为罕见的五进建筑，内部空间挑高又加宽，高塔将人的视线引向上。

1 | 法国亚眠大教堂

2 | 德国科隆大教堂

科隆大教堂全由磨光石块砌成，整个工程共用去 40 万 t 石材。教堂中央是两座与门墙连砌在一起的双尖塔，南塔高 157.31m，北塔高 157.38m，是全欧洲第二高的尖塔。科隆大教堂至今也依然是世界上最高的教堂之一，并且每个构件都十分精确。

（四）米兰大教堂

意大利米兰大教堂

意大利米兰大教堂是最大的哥特式建筑，也是欧洲最大的教堂之一。14 世纪 80 年代动工，直至 19 世纪初才最后完成。教堂内部由四排巨柱隔开，宽达 49m，中厅高约 45m，而在横翼与中厅交叉处，高达 65 多米，上面是一个八角形采光亭。中厅高出侧厅很少，侧高窗很小。内部比较幽暗，建筑的外部全由光彩夺目的白大理石筑成。高高的花窗、直立的扶壁以及 135 座尖塔，都表现出向上的动势，塔顶上的雕像仿佛正要飞升。教堂内外总共有 6000 多个雕像，是世界上雕像最多的哥特式教堂。因此教堂建筑格外显得华丽热闹，具有世俗气氛。其中一个高达 107m 的尖塔，塔顶上有圣母玛利亚金色雕像，在阳光下显得光辉夺目，神奇而又壮丽。

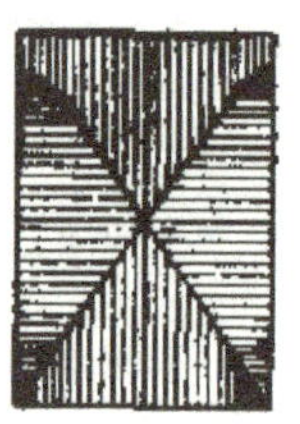

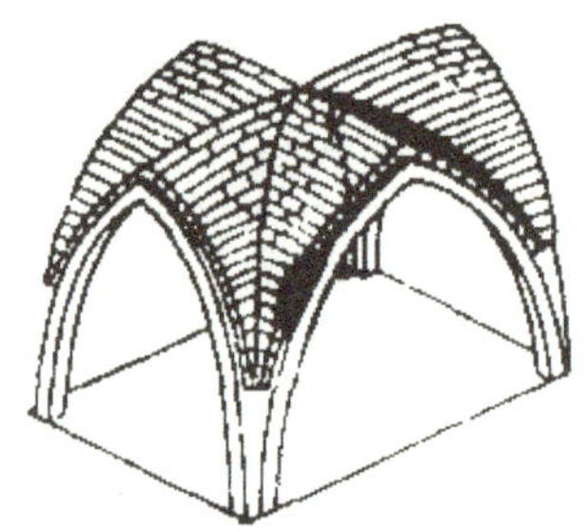

1
2
3

1 | 尖十字拱

2 | 韩斯主教堂剖面图

3 | 巴黎圣母院剖面图

○欣赏分析

（一）哥特式教堂特点

1. 哥特式教堂结构特点

框架式骨架券作拱顶承重构件，其余填充围护部分减薄，使拱顶减轻，独立的飞扶壁在中厅十字拱的起脚处抵住其侧推力，和骨架券共同组成框架式结构，侧廊拱顶高度降低，使中厅窗加大，使用二圆心的尖拱、尖券，侧推力减小。

2. 哥特式教堂内部特点

中厅一般不宽但很长，两侧支柱的间距不大，形成自入口导向祭坛的强烈动势，中厅高度很高，两侧束柱柱头弱化消退，垂直线控制室内划分，尖尖的拱券在拱顶相交，如同自地下生长出来的挺拔枝杆，形成很强的向上升腾的动势，两个动势体现对神的崇敬和对天国向往的暗示。

3. 哥特式教堂外部特点

典型构图是山墙被两个钟塔和中厅垂直划为三部分，山墙上的栏杆、门洞上的雕像带等把三部分连为整体，三座多层线脚的“透视门”之上的中央是巨大“玫瑰窗”。外部的扶壁、塔、墙面都是垂直向上划分，一切局部和细节顶部为尖顶，整个外形充满着向天空的升腾感。

4. 哥特式教堂装饰特点

内部近似框架式结构，几乎没有墙面可做壁画或雕塑。祭坛是装饰重点，两柱间的大窗做成彩色玻璃窗，极富装饰效果。外部力求削弱重量感，一切局部和细节都减小断面，凹凸大，用山花、龛、小尖塔等装饰外墙。

（二）哥特式建筑的新技术

1. 哥特时期的尖券

哥特时期的尖券技术的演变过程经历了三个阶段。第一个阶段，拱顶采用正方形平面和半圆拱券，对角线的拱券顶高于四边的拱券顶。第二阶段，拱顶下部的平面仍为正方形，但四边的拱券采用近似椭圆的折中方式，形成尖券，尖券顶和对角线上的拱券顶位于同一高度。第三阶段，拱顶的建造已不再受到平面形式的制约，不论是正方形、矩形，还是梯形，只要是四边形，都可以用尖券的形式建造一个特定高度的拱顶。由于哥特式尖券的构造技术使得建筑开间和进深的关系更为自由，并且大厅式建筑的高屋脊以一道连续直线的形式纵贯中厅而不被打断，使得建筑空间有效地取得视觉上的统一。

2. 哥特时期的飞扶壁

为了支撑尖券底座处对墙体产生的水平侧推力，哥特式建筑在罗马式建筑的扶壁基础上发明了飞扶壁这一结构。它与扶壁一样是支撑承重墙中的侧向水平推力的结构构件，但又与扶壁不同，它利用从墙体上部向外挑出的券形成半券形构件（即飞券），把墙体所受压力传递给一定距离外的柱墩，由此减小承重墙上柱墩的体量，缩小位于教堂中厅和侧厅之间的柱墩的体积，使空间的联系更为密切。

○相关知识

哥特式家具

1 | 哥特式高背椅

2 | 哥特式教堂座椅

3 | 哥特式马丁国王银制座椅

哥特式家具给人刚直、挺拔、向上的感觉。这主要是受哥特式建筑风格的影响，如采用尖顶、尖拱、细柱、垂饰罩、浅雕或透雕的镶板装饰。哥特式建筑的特点是以尖拱代替仿罗马式的圆拱，宽大的窗子上饰有彩色玻璃图案，广泛地运用簇柱、浮雕等层次丰富的装饰。

哥特式家具的艺术风格还在于它豪华而精致的雕刻装饰，几乎家具每一处平面空间都被有规律地划分成矩形。嵌板装饰的主要题材有衣褶纹样、缝隙装饰、火焰纹样、窗头花格等；边饰的主要题材有叶形装饰、唐草、“S”形纹样。这些装饰题材几乎都取材于基督教圣经的内容。例如，由三片尖状叶构成的三叶饰图案象征着圣父、圣子和圣灵的三位一体；四叶饰象征着四部福音；鸽子与百合花分别代表圣灵和圣洁；橡树叶则表现神的强大与永恒的力量等。这些图案都是采用浮雕、透雕和圆雕相结合的方法来表达。

课题五 文艺复兴时期建筑

文艺复兴是指 14 世纪在意大利，由新兴的资产阶级中的先进知识分子发起，宣传人文精神，并在 15 世纪欧洲盛行的一场思想文化运动。文艺复兴时期建筑风格的产生和发展经历了这样的轨迹：最初形成于 15 世纪意大利的佛罗伦萨；16 世纪起以罗马为中心传遍意大利，进入盛期，并开始传入欧洲其他国家；17 世纪，欧洲经济中心西移，意大利文艺复兴开始衰退，在意大利北部地区仍有余波。

1 2
3 4

哥特式立式柜 | 1
哥特式四柱顶盖床 | 2
佛罗伦萨主教堂内景 | 3
育婴院 | 4

任务一 文艺复兴时期建筑欣赏

○图片欣赏

○经典范例——佛罗伦萨主教堂

1 巴齐礼拜堂
2 法尔尼斯府邸
3 坦比哀多小教堂
4 圆厅别墅
5 佛罗伦萨主教堂的穹顶远景及剖面图

佛罗伦萨主教堂的穹顶，标志着意大利文艺复兴建筑史的开始。它的设计和建造过程、技术成就和艺术特色，都体现着新时代的进取精神。

佛罗伦萨主教堂的穹顶结构，为了突出穹顶，砌了 12m 高的一段鼓座。把这样大的穹顶放在鼓座上，这是空前未有的。虽然鼓座的墙厚到 4.9m，还是必须采取有效的措施减小穹顶的侧推力。伯鲁乃列斯基的主要办法是：第一，穹顶轮廓是矢形的，大致是双圆心的；第二，用骨架券结构，穹面分里外两层，中间是空的。在 8 边形的 8 个角上升起 8 个主券，8 个边上又各有 2 根次券。穹顶的大面就依托在这套骨架上，外层下部厚 78.6cm，上部厚 61cm。

佛罗伦萨主教堂的穹顶是世界最大的穹顶之一。它的结构和构造的精致远远超过了古罗马的和拜占庭的，结构的规模也远远超过了中世纪的，它是结构技术空前的成就。

○欣赏分析

佛罗伦萨主教堂的穹顶结构的历史意义

第一，天主教会把集中式平面和穹顶看作异教庙宇的形制，严加排斥，而工匠们竟置教会的戒律于不顾。虽然当时天主教会的势力在佛罗伦萨很薄弱，但仍需要很大的勇气，很高的觉醒，才能这样做，是在建筑中突破教会精神专制的标志。

第二，古罗马的穹顶和拜占庭的大型穹顶，在外观上是半露半掩的，还不会把它作为重要的造型手段。但佛罗伦萨的这一座，手法为拜占庭小型教堂的手法，使用了鼓座，把穹顶全部表现出来，连采光亭在内，总高 107m，成了整个城市轮廓线的中心。这在西欧是前无古人的，是文艺复兴时期独创精神的标志。

第三，无论在结构上还是在形象上，这座穹顶的首创性的幅度是很大的，在建筑历史上是向前跳跃了一大步。

○经典范例——圣彼得大教堂

1 | 2

1 | 圣彼得大教堂和广场

2 | 圣彼得大教堂

圣彼得大教堂内部

意大利文艺复兴最伟大的纪念碑是罗马教廷的圣彼得大教堂。它集中了 16 世纪意大利建筑，结构和施工的最高成就。100 多年间，罗马最优秀的建筑师都曾经主持过圣彼得大教堂的设计和施工。

穹顶直径 41.9m，很接近万神庙的。内部顶点高 123.4m，几乎是万神庙的三倍，希腊十字的两臂，内部宽 27.5m，高 46.2m，同马克辛促乌斯的巴西利卡相仿。通长达到 140 多米。穹顶外部采光塔上，十字架尖端高达 137.8m，是罗马全城的最高点，穹顶的肋是石砌的，其余部分用砖，分内外两层，内层厚度大约 3m。建成之后出现过几次裂缝，陆续在不同高度加了十几道铁链。这个穹顶比佛罗伦萨主教堂的有很大进步。

第一，它是真正球面的，整体性比较强，而佛罗伦萨的是分为八瓣的。

第二，佛罗伦萨的为减小侧推力，轮廓比较长，而它的轮廓饱满，只略高于半球形。侧推力大，显得在结构上和施工上更有把握。

这样大的高度，这样大的直径，穹顶和拱顶的施工是十分困难的，据说使用了悬挂式脚手架。

1564 年，维尼奥拉设计了四角的小穹顶。

而以罗马为中心的地区却开始流行由罗马教廷中的耶稣教会所掀起的巴洛克风格。

○相关知识

（一）意大利文艺复兴早期建筑

标志着意大利文艺复兴早期建筑开端的，是佛罗伦萨主教堂的穹顶的建造，它被誉为“文艺复兴的报春花”。佛罗伦萨主教堂的穹顶并不是伯鲁乃列斯基对新的建筑风格的唯一贡献，他那具有划时代意义的作品还包括佛罗伦萨育婴院、圣洛伦佐教堂、巴齐礼拜堂等。

15 世纪后半叶，资产阶级将资本投入到土地和房屋建设，在佛罗伦萨大量的豪华府邸迅速建设起来，其中以独揽政权的银行家美狄奇家族的府邸为代表，把文艺复兴时期的设计风格应用到这些府邸中去。

美狄奇府邸的墙垣，仿照中世纪一些寨堡的样子，底层的大石块只略经粗凿，表面起伏达 20cm，砌缝很宽。二层的石块虽然平整，但砌缝仍有 8cm 宽。三层光滑而不留砌缝。它的形象很沉重。为了求得壮观的形式，沿街立面是屏风式的，同内部房间很不协调。底层的窗台很高，勒脚前有一道凸台。

（二）意大利文艺复兴盛期建筑

从文艺复兴早期到盛期，并没有明确的界定。但伯拉孟特设计的位于米兰的圣塞提洛教堂算是过渡。伯拉孟特于 1499 年移居罗马，在罗马他才真正成为意大利文艺复兴盛期的首批倡导者之一，而最负盛名的作品就是建于蒙多里亚圣彼得修道院内院的坦比哀多小教堂。

（三）文艺复兴时期的代表人物及其作品

文艺复兴时期是一个盛产艺术巨人的时代，伯鲁乃列斯基、伯拉孟特、米开朗琪罗、拉斐尔……当时的艺术大家往往是集建筑家、画家、雕刻家于一身。

伯鲁乃列斯基，意大利文艺复兴早期颇负盛名的建筑师与工程师，设计了佛罗伦萨的育婴院、巴齐礼拜堂等经典的教堂。

1419 年，伯鲁乃列斯基设计的佛罗伦萨的育婴院是一座四合院，正面向安农齐阿广场展开长长的券廊。券廊开间宽阔，连续券架在科林斯式的柱子上，非常轻快、明朗。第二层开着小小的窗子，墙面积很大，但线脚细巧，墙面平洁，檐口薄薄的、轻轻的，所以同连续券风格很协调，而虚实对比很强。立面的构图明确简洁，比例匀称，尺度宜人。廊子的结构是拜占庭式的，逐间用穹顶覆盖，下面以帆拱承接。

伯鲁乃列斯基设计的佛罗伦萨的巴齐礼拜堂，也是 15 世纪前半叶很有代表性的建筑物。它的形制借鉴了拜占庭的。正中一个直径 10.9m 的穹顶，左右各有一段筒形拱，同大穹顶一起覆盖一间长方形的大厅。后面一个小穹顶，覆盖着圣坛，前面一个小穹顶，在门前柱廊正中开间上。它的内部和外部形式都由柱式控制。

伯拉孟特是文艺复兴盛期意大利杰出的建筑家，他一生主要在米兰和罗马工作。把古罗马建筑的形式借用来传达文艺复兴的新精神。其代表作品有圣塞提洛教堂、坦比哀多小礼堂、圣彼得大教堂等。

圣塞提洛教堂用古典线脚和壁柱来做附加层的外观，并且把圆筒状的外部平面和内部希腊十字平面以及位于八边形基座上的圆形采光亭很好地组织在一起，满足了古典构图的概念。该设计中值得一提的是，由于建筑平面受到外侧街道划分的限制，伯拉孟特运用当时还是新兴学科的透视学的原理，把教堂位于“T”形基地端头的墙体绘制成看上去有纵深感的空间，从视觉上完成了十字平面的布局。

坦比哀多小教堂是一座仿罗马神庙的集中式小教堂，外墙直径 6.1m。内直径只有 4.5m，周围一圈共 16 根 3.6m 高的多立克式柱子形成柱廊，大厅上方覆盖位于鼓座上的穹顶，形体饱满。

坦比哀多小教堂

米开朗琪罗，文艺复兴时期著名的雕塑家、建筑师、画家和诗人。他与达 · 芬奇和拉斐尔并称“文艺复兴三杰”，他开启了新的尺度和空间的概念，并对后来的巴洛克风格产生了深远的影响。其代表作品有美狄奇家庙和劳伦斯图书馆前厅、圣彼得大教堂的圣坛部分和穹顶等。

拉斐尔是文艺复兴时期意大利著名画家，也是“文艺复兴三杰”中最年轻的一位，代表了文艺复兴时期艺术家从事理想美的事业所能达到的巅峰。拉斐尔设计的建筑物，和他的绘画一样，比较温柔雅秀，体积起伏小，爱用薄壁柱，外墙面上抹灰，多用纤细的灰塑作装饰，强调水平划分。典型的例子是佛罗伦萨的潘道菲尼府邸。它有两个院落，主要院落的建筑为两层，外院为一层。在沿街立面上，两层部分用大檐口结束，一层部分的檐部和女儿墙是两层部分的分层线脚和窗下墙的延续，两部分的主次清楚，联系很好。墙面是抹灰的，没有壁柱。窗框精致，同简洁的墙面对比清晰肯定。墙角和大门周边的重块石，更衬托了墙面的平滑柔和。由于水平分划强，窗下墙和分层线脚上都有同窗子相应的定位处理，建筑物显得很安稳。

小桑迦洛不仅是一位建筑师，还是一位优秀的画家与雕刻家，小桑迦洛设计的罗马法尔尼斯府邸是追求雄伟的纪念性建筑。法尔尼斯府邸是封闭的四合院，但是，有了很强的纵轴线和次要的横轴线。纵轴线的起点是门厅，它竟采用了巴西利卡的形制，宽 12m，深 14m，有两排多立克式柱子，每排 6 根，上面的拱顶满覆着华丽的雕饰。内院 24.7m 见方，四周是重叠的券柱式，形式很壮观。不过它的外面仿潘道菲尼府邸，比较雅秀，轴线也不突出。

帕拉迪奥是意大利文艺复兴后期的建筑师和建筑理论家，欧洲学院派古典主义建筑的创始人，其代表作品为圆厅别墅。

圆厅别墅在维琴察郊外一个庄园中央的高地上。平面正方，四面一式。第二层正中是一个直径为 12.2m 的圆厅，四周房间依纵横两个轴线对称布置。室外大台阶直达第二层，内部只有简陋的小楼梯。圆厅别墅的外形由明确而单纯的几何体组成，显得十分凝练。方方的主体、鼓座、圆锥形的顶子、三角形的山花、圆柱等多种几何体互相对比着，变化很丰富。同时，主次十分清楚，垂直轴线相当显著，各部分构图联系密切，位置肯定，所以形体统一、完整。

（四）文艺复兴时期建筑在欧洲的传播

16 世纪起，文艺复兴时期建筑风格开始传入欧洲其他国家，但出于民族主义情结和哥特式建筑经过长期发展而变得根深蒂固的原因，文艺复兴时期建筑风格常常只是被仿制，硬生生地被加到基调是哥特式的建筑物上。

1. 文艺复兴时期建筑对法国的影响

16 世纪，在意大利文艺复兴时期建筑的影响下形成法国文艺复兴时期建筑。从那时起，法国的建筑风格由哥特式向文艺复兴式过渡，往往把文艺复兴时期建筑的细部装饰应用在哥特式建筑上。当时主要是建造宫殿、府邸和市民房屋等世俗建筑。代表作品有：尚堡府邸、枫丹白露宫、卢森堡宫、卢浮宫。尚堡府邸原为法国国王法兰西斯一世的猎庄和离宫，建筑平面布局和造型保持中世纪的传统手法，有角楼、护壕和吊桥，外形的水平划分和细部线脚处理则是文艺复兴式的，屋顶高低参差。

2. 文艺复兴时期建筑对英国的影响

16 世纪中叶，文艺复兴时期建筑在英国逐渐确立，建筑物出现过渡性风格，既继承哥特式建筑的传统，又采用意大利文艺复兴时期建筑的细部。中世纪的英国热衷于建造壮丽的教堂，16 世纪下半叶开始注意世俗建筑。富商、权贵、绅士们的大型豪华府邸多建在乡村，有塔楼、山墙、檐部、女儿墙、栏杆和烟囱，墙壁上常常开许多凸窗，窗额是方形。文艺复兴时期建筑风格的细部也应用到室内装饰和家具陈设上。府邸周围一般布置形状规则的大花园，其中有前庭、平台、水池、喷泉、花坛和灌木绿篱，与府邸组成完整和谐的环境。典型例子有哈德威克府邸、勃仑罕姆府邸、坎德莱斯顿府邸等。

3. 文艺复兴时期建筑对德国的影响

德国这一时期的建筑地方性很强，还长期在形式和形制上保留了中世纪的流风遗韵。直到 18 世纪，随着一些封建诸侯的强大，文艺复兴时期建筑风格才被接受。但是德国同时也受到巴洛克和古典主义风格的影响，在建筑上表现出混合风格。例如德累斯顿的茨温格庭院。

4. 文艺复兴时期建筑对西班牙的影响

西班牙的埃斯库里阿规模十分宏大，由六大部分组成，以主入口朝西的王室大院为基础来展开：位于大院东面的希腊十字教堂；院南的修道院；院北的神学院和大学；教堂南面的绿化庭院和周围的宗教用房；教堂北面的政府办公区域；教堂神龛后的东区是国王的起居部分。整个宫殿布局条理整齐、分区明确，具有文艺复兴时期的特点。建筑外观既体现了文艺复兴时期简洁整齐的特点，同时还保存着西班牙哥特式的传统。

（五）文艺复兴时期的家具

1. 意大利文艺复兴时期的家具

意大利文艺复兴时期，为了适应社会交往和接待增多的需要，家具靠墙布置，并沿墙布置了半身雕像、绘画、装饰品等，强调水平线，使墙面形成构图的中心。意大利文艺复兴时期的家具的特征是：普遍采用直线式，以古典浮雕图案为特征，许多家具放在矮台座上，椅子上加装垫子，家具部件多样化，除用少量橡木、杉木、丝柏木外，核桃木是唯一所用的，节约使用木材，大型图案的丝织品用作座椅等的装饰。

2. 西班牙文艺复兴时期的家具

西班牙文艺复兴时期的家具许多是原始的，厚重的比例和矩形形式，结构简单，缺乏运用建筑细部的装饰，有铁支撑和支架，钉头处显露，家具体形大，富有男性的阳刚气，色彩鲜明（经常掩饰低级工艺），用压印图案或简单的皮革装饰（座椅），采用核桃木比松木更多，图案包括短的凿纹、几何形图案，腿脚是“八”字形式倾斜的，采用铁和银的玫瑰花饰、星状装饰以及贝壳作为装饰。

3. 法国文艺复兴时期的家具

法国文艺复兴时期的家具的特征：厚重。轮廓鲜明的浮雕，由擦亮的橡木或核桃木制成，在后期出现乌木饰面板，椅子有靠背，直扶手，

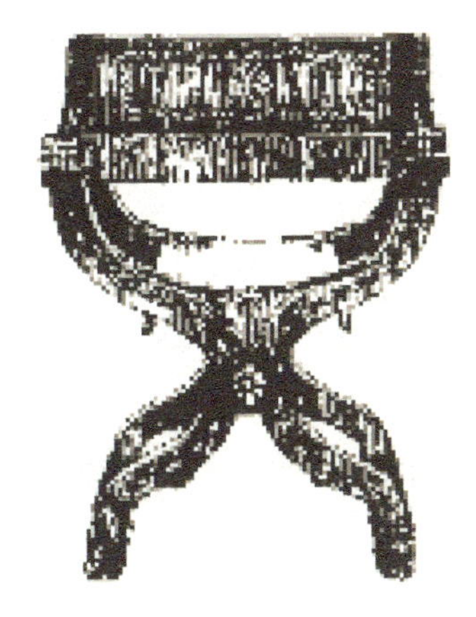

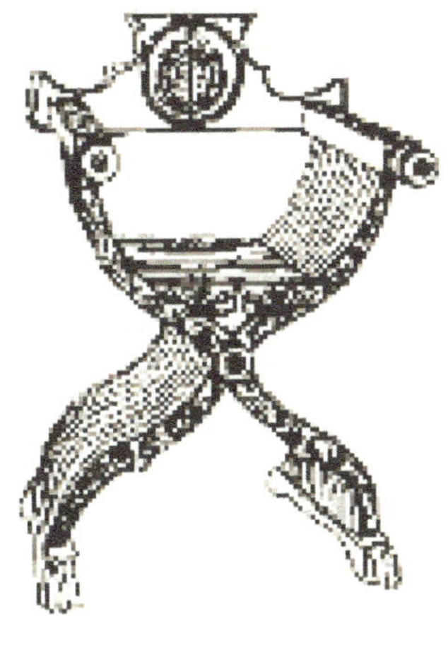

1 | 文艺复兴时期意大利但丁椅

2 | 文艺复兴时期意大利萨伏那洛拉椅

3 | 文艺复兴时期意大利托斯卡纳式床

以及有旋成球状、螺旋形或栏杆柱形的腿，带有小圆面包形或荷兰式漩涡饰的脚，使用上色木的镶嵌细工、玳瑁壳、镀金金属、珍珠母、象牙，家具的部分部件用西班牙产的科尔多瓦皮革、天鹅绒、针绣花边、锦缎及流苏等装饰物装饰，装饰图案有橄榄树枝叶、月桂树叶、打成漩涡叶箔、阿拉伯式图案、玫瑰花饰、漩涡花饰、圆雕饰、贝壳。

4. 英国文艺复兴时期的家具

英国文艺复兴时期家具文化的主要特点是单纯而刚劲、严肃而拘谨的形式，这是由英国民族刚毅和自信的特性而决定的，开始于都铎王朝繁荣时代的亨利八世时期。伊丽莎白统治时期，英国才真正形成了文艺复兴时期家具文化，并达到了顶峰。都铎王室的纹章蔷薇花常被用来装饰家具，这时期的家具开始吸收意大利文艺复兴式的造型装饰特点。伊丽莎白时期的家具：比都铎时期引进更多的雕刻、装饰细部，并且发展了一些新家具。詹姆斯一世时期的家具：总体说来体形庞大，爱用直线，但是从某种程度上来说比伊丽莎白时期的家具要轻巧得多，尺寸也小些，雕刻装饰也更优雅。

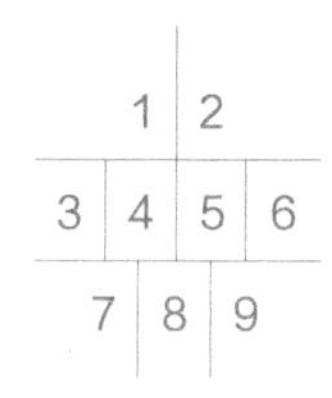

1｜意大利文艺复兴时期卡索奈长箱样式一

2｜意大利文艺复兴时期卡索奈长箱样式二

3｜英国文艺复兴时期陈列柜

4｜法国文艺复兴时期聊天椅

5｜意大利文艺复兴时期陈列柜

6｜法国文艺复兴时期陈列柜

7｜英国文艺复兴时期法金盖尔椅

8｜法国文艺复兴时期顶盖床

9｜西班牙文艺复兴时期瓦格诺柜

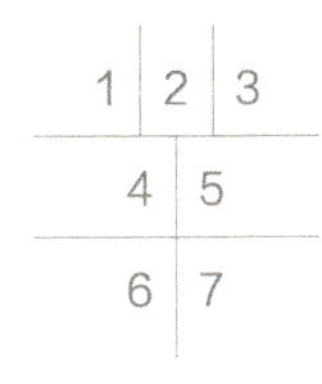

1 | 英国文艺复兴时期陈列柜

2 | 德国文艺复兴时期橱柜

3 | 英国文艺复兴时期顶盖床

4 | 圣卡罗教堂

5 | 圣母玛利亚大教堂

6 | 特莱维喷泉

7 | 巴黎歌剧院室内

任务二 巴洛克风格建筑欣赏

17 世纪起意大利半岛的北部仍有文艺复兴的余波，而以罗马为中心的地区却开始流行罗马教廷中的耶稣教会掀起的巴洛克风格。巴洛克原意是“扭曲的珍珠”。18 世纪中叶的古典主义理论家称 17 世纪的意大利建筑为巴洛克是具有贬损之意。巴洛克建筑主要有教堂、府邸和别墅、广场等。

○图片欣赏

○经典范例——罗马耶稣会教堂

罗马耶稣会教堂是第一个巴洛克建筑，是巴洛克的开始，由维尼奥拉和泡达设计。用柱形成连贯空间，将三个不同功能的空间联系起来，祭坛空间与巴西利卡的连贯处理，双柱形式不再强调有秩序的安排，用灵活的方式强化一种局部，形成一种复杂有吸引力的立面，穹顶和巴西利卡的融合，双柱片段将空间引至中心平面，弱化侧廊，立面强调中夹入口。中央入口处采用圆柱，比壁柱有更强的凹凸感。

○欣赏分析

巴洛克建筑的主要特征

第一个特征是炫耀财富。大量使用贵重的材料、精细的加工、刻意的装饰，以显示其富有与高贵。巴洛克风格室内空间的装饰，主要特征就是装饰日渐繁缛、色彩鲜丽。

第二个特征是追求新奇。建筑师们标新立异，前所未见的建筑形象和手法层出不穷。而创新的主要路径是：首先赋予建筑实体和空间以动态，或者波折流转，打破建筑、雕刻和绘画的界限，使它们互相渗透；再次，则是不顾结构逻辑，采用非理性的组合，取得反常的效果。

第三个特征是趋向自然。在郊外兴建了许多别墅，园林艺术有所发展。在城里造了一些开敞的广场。建筑也渐渐开敞，并在装饰中增加了自然题材。

第四个特征是城市和建筑，都有一种欢乐的气氛。这时期的建筑突破了欧洲古典、文艺复兴和后来古典主义的“常规”，仿佛是“曲线”加上“趣味”的组合，所以被称为“巴洛克”建筑。

○相关知识

（一）巴洛克建筑主要类型

1. 巴洛克教堂

天主教堂是巴洛克风格的代表性建筑，首先在罗马教廷的周围诞生了巴洛克教堂，继罗马耶稣会教堂之后，罗马的圣卡罗教堂、康帕泰利的圣玛利亚教堂等都是巴洛克风格的建筑。

它们以罗马的耶稣会教堂为蓝本，一律用拉丁十字式，把侧廊改为几间小礼拜堂。但是，它们违反了宗教会议要求简单

1 | 枫丹白露宫的内部装饰

2 | 罗马耶稣会教堂

3 | 罗马耶稣会教堂内部

朴素的规定，相反，大量装饰壁画和雕刻，处处是大理石、铜和黄金，充满华丽感。而且壁画使用透视法延续，扩大建筑空间。在天花上接着四壁的透视线再画上一两层，然后在檐口上画高远的天空，游云舒卷和飞翔的天使。整个装饰除了用透视法扩大空间外，还有色彩明亮、对比强烈以及构图极具动感的特点。

2. 巴洛克府邸和别墅

这一时期的府邸设计受到巴洛克教堂的影响，在平面设计中加入了曲线因素，空间变得复杂而有流动性，建筑外观也更加丰富。著名的府邸有位于都灵的卡里尼阿诺府邸、罗马的巴波利尼府邸等。

卡里尼阿诺府邸，以门厅为整个府邸的水平交通和垂直交通的枢纽，是建筑平面处理上很有意义的进步。门厅是椭圆的，有一对完全敞开的弧形楼梯靠着外墙，形成立面中段波浪式的曲面。楼梯形成了门厅中空间的复杂变化，而且本身也很富于装饰性，这进一步标志着室内设计水平的提高。

都灵卡里尼阿诺府邸

3. 巴洛克城市广场和外部空间

第一个重要的城市广场是波波罗广场，即人民广场，它位于罗马城的北门内，为了要达到由此可以通向全罗马的幻觉，建筑师法拉弟亚把广场设计成三条放射形大道。广场呈长圆形，有明确的主轴和次轴，中央设方尖碑，并在放射形大道之间，建造了一对形式近似的巴洛克教堂，取得突出中心的效果。

第二个重要的城市广场是罗马圣彼得大教堂前面的广场，由教廷总建筑师贝尼尼设计。广场以 1586 年竖立的方尖碑为中心，是横向长圆形的，长 198m，面积 3.5 万 m^2。它和教堂之间用一个梯形广场相接。梯形广场的地面向教堂逐渐升高，两个广场都被柱廊包围，为了同宽阔的广场相称，同高大的教堂相称，柱廊有 4 排粗重的塔司干式柱子，一共 284 根。柱子密密层层，所以虽然柱式严谨，布局简练，但构思仍然是巴洛克式的。

第三个重要的城布广场是封闭型的罗马纳沃那广场。纳沃那广场有三个巴洛克式喷泉，中央的一个是四河喷泉，它是贝尼尼的又一个天才杰作。

1 | 波波罗广场

2 | 圣彼得大教堂前面的广场

3 | 纳沃那广场

（二）意大利巴洛克的代表人物及主要成就

1. 维尼奥拉

维尼奥拉是意大利文艺复兴晚期的著名建筑师和建筑理论家，他在巴洛克艺术发展过程中起过重要作用。1562 年出版的《建筑五大柱式的规则》，提供了更精准运用柱式的方法。

2. 贝尼尼

贝尼尼是意大利巴洛克风格的著名雕刻家、建筑家和画家。他作为负责圣彼得大教堂的建筑师，设计了最中心位置祭坛的巨型华盖。

3. 博罗米尼

博罗米尼是 17 世纪意大利最伟大的建筑师，也是主导巴洛克风格的人物。他在运用对比互换的凹凸线和复杂交错的几何形体方面得心应手，创造出一系列令人叹为观止的巴洛克建筑。

4. 隆恒纳

隆恒纳设计的安康圣母教堂中庭是一个高高的圆穹顶的空间，设计中连续变化的光影效果，体现了巴洛克空间的丰富性。

5. 瓜里尼

瓜里尼设计的圣洛伦佐教堂穹顶由于其几何复杂性和通过许多窗户带来的明亮光线，使这座教堂成为表达无限感的典范。

1 | 2
3
4 | 5

《阿波罗与达芙妮》| 1

《神志昏迷的圣德列萨》| 2

圣卡罗教堂 | 3

威尼斯海关大楼 | 4

安康圣母教堂 | 5

（三）巴洛克风格家具

法国巴洛克风格也称法国路易十四风格，其家具特征为：雄伟，带有夸张的、厚重的古典形式，雅致优美重于舒适。家具下部有斜撑，结构牢固，直到后期才取消横档。巴洛克家具摒弃了对建筑装饰的直接模仿，加强整体装饰的和谐效果，彻底摆脱了家具设计一直从属于建筑设计的局面，这是家具设计上的一次飞跃。

巴洛克风格以浪漫主义作为形式设计的出发点，运用多变的曲面及线型，追求宏伟、生动、热情、奔放的艺术效果，而摒弃了古典主义造型艺术上的刚劲、挺拔、肃穆、古板的遗风。巴洛克家具在表面装饰上，除了精致的雕刻之外，金箔贴面、描金填彩涂漆以及细腻的薄木拼花装饰也很盛行，以达到金碧辉煌的艺术效果。

巴洛克艺术的最早发源地是意大利的罗马，但巴洛克家具风格的形成却是在1620年间，在荷兰的安特卫普首先拉开了帷幕，紧接着是法、英、德等国家受巴洛克风格的影响也都进入了巴洛克时代，特别是法国路易十四时期的巴洛克家具最负盛名，跃居欧洲各国的领先地位，成为巴洛克家具风格的典范。

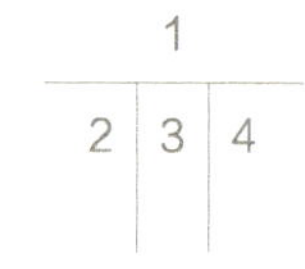

圣彼得大广场 | 1
布鲁斯特隆扶手椅（意大利）| 2
雅各宾式扶手椅（英国）| 3
路易十四式扶手椅（法国）| 4

课题六　17—18 世纪的建筑

广义的古典主义建筑是指意大利文艺复兴时期建筑、巴洛克风格建筑和古典复兴建筑等采用古典柱式的建筑风格。狭义的古典主义建筑是指运用纯正的古典柱式的建筑，主要是指法国古典主义，及其他地区受其影响的建筑，即指 17 世纪法国国王路易十三、路易十四专制时期的建筑。

任务一　法国古典主义建筑欣赏

法国古典主义建筑的胜利是经过同意大利的巴洛克风格建筑反复交锋后才获得的。凡尔赛宫东立面的设计竞赛，是这场交锋的战场。法国宫廷建筑的任务就是荣耀君主，于是进行了大规模的宫殿建设。宫廷的纪念性建筑是古典主义建筑最主要的代表，集中在巴黎。卢浮宫、凡尔赛宫是那个时期的重要标志性建筑。

○图片欣赏

1 2
3 4

1 | 麦松府邸
2 | 恩瓦立德新教堂
3 | 卢浮宫
4 | 卢浮宫中心花园

○经典范例——卢浮宫

卢浮宫东立面上下照一个完整的柱式分作 3 部分，底层是基座，中段是 2 层高的巨柱式柱子，再上面是檐部和女儿墙。主体是由双柱形成的空柱廊，简洁洗练，层次丰富。

卢浮宫中央和两端各有凸出部分，将立面分为 5 段。两端的凸出部分用壁柱装饰，而中央部分用倚柱，有山花，因而主轴线很明确。左右分 5 段，上下分 3 段，都以中央一段为主的立面构图，在卢浮宫东立面得到了第一个最明确、最和谐的成果。这种构图反映着以君主为中心的封建等级制的社会秩序。但它同时也是对立统一法则在构图中的成功运用。

○经典范例——凡尔赛宫

1 | 凡尔赛宫远景

2 | 凡尔赛宫花园

3 | 凡尔赛宫镜廊

4 | 凡尔赛宫全景

凡尔赛宫中最为著名的是举行重大的仪式的镜廊。镜廊用白色和淡紫色大理石贴墙面。科林斯式壁柱，柱身用绿色大理石，柱头和柱基是铜铸的，镀金。柱头上的主要装饰母题是展开双翅的太阳，因为路易十四当时被尊称为“太阳王”。檐壁上雕刻着花环，檐口上坐着天使，都是金色的。拱顶上画着九幅国王的史迹画，镜廊的装修金碧辉煌。

○欣赏分析

古典主义建筑的构图简洁，以柱式控制且构图多用巨柱式。这样既简化了构图，又使构图能有变化且完整统一。建筑形体有很强的几何性，轴线明确、主次有序、完整而统一。法国古典主义建筑主要依附于宫廷，在宫廷建筑中发展；法国古典主义的室内陈设装饰豪华绚丽，色彩斑斓，吸取了巴洛克风格的一些元素。法国的古典主义建筑在理论和创作层面影响十分深远。17 世纪后欧洲各国先后都有建造宫殿和大型公共建筑的高潮，法国的古典主义建筑对它们所取得的成就做出了贡献。

○相关知识

在法国古典主义的盛期，巴黎也建造了一些教堂。第一个完全的古典主义教堂建筑是孟莎设计的恩瓦立德新教堂，又称残废军人新教堂，它也是 17 世纪最完整的古典主义纪念物。

恩瓦立德新教堂采用了正方形的希腊十字式平面，鼓座高举，穹顶饱满，全高达 105m，成为一个地区的构图中心。穹顶分 3 层，外层用木屋架支搭，覆盖铅皮。中间一层用砖砌，最里面一层是石头砌的，直径 27.7m。穹顶分里外层，为的是使内部空间和外部形体都有良好的比例。教堂内部明亮，装饰很有节制，单纯的柱式组合表现出严谨的逻辑性。建筑外观，中央两层门廊的垂直构图使穹顶、鼓座同方形的主体联系起来。鼓座的倚柱和穹顶的肋彼此呼应，形成向上的动势，集中到采光亭尖尖的顶端。鼓座的处理有巴洛克的手法。

1 | 恩瓦立德新教堂

2 | 恩瓦立德新教堂内部

3 | 爱丽舍宫一角一

4 | 爱丽舍宫一角二

任务二 洛可可风格建筑欣赏

洛可可风格建筑出现在法国古典主义建筑之后。17 世纪末 18 世纪初宫廷建筑的鼎盛时代已经过去，私人宅邸开始流行。此时一些有较高文化教养、聪明机智的贵族夫人对统治阶级的文化艺术产生了主导作用。这一阶段的潮流被称为“洛可可”，洛可可艺术的原则是逸乐，表现充满逍遥自在的生活趣味。其风格特点是纤巧、精美、浮华、烦琐，洛可可风格又称路易十五式。洛可可风格主要表现在府邸的室内装饰上，在府邸的形制和外形也有相应的特征。

○图片欣赏

1 阿玛琳宫镜廊
2 巴黎凡尔赛宫一角一
3 巴黎凡尔赛宫一角二
4 巴黎苏俾士府邸客厅
5 巴黎苏俾士府邸的内部装饰

○经典范例——巴黎苏俾士府邸客厅

从苏俾士府邸的建筑外观上很难想象室内空间的气质，室内的“冬之厅”和“夏之厅”等空间的装饰，是洛可可风格的杰作。装饰家通过镜子、绘画、灰泥浅浮雕、色彩（金色为基调）以及吊灯和家具等形成娇柔同时又充满幻想的形态，造成介乎于现实与幻觉之间的空间气氛。

○欣赏分析

洛可可风格和巴洛克风格不同，洛可可风格在室内排斥一切建筑母题，应用明快鲜艳的色彩，纤巧的装饰，家具精致而偏于烦琐，具有妖媚柔靡的贵族气味和浓厚的脂粉气。在装饰上表现为细腻柔媚，常用不对称手法，喜用弧线和S形线，爱用自然物做装饰题材，有时流于矫揉造作。色彩喜用鲜艳的浅色调的嫩绿、粉红等，线脚多用金色，反映了法国路易十五时代贵族的生活趣味。

洛可可风格主要表现在室内装饰上，过去用壁柱的地方，改用镶板或者镜子，四周用细巧复杂的边框围起来。凹圆线脚和柔软的涡卷代替了檐口和小山花。圆雕和高浮雕换成了色彩艳丽的小幅绘画和薄浮雕。浮雕的轮廓融进底子的平面之中。用纤细的璎珞代替丰满的花环。线脚和雕饰都是细细的，薄薄的，没有体积感。前一时期爱用的大理石，又硬又冷，不符合小巧的客厅的情趣，除了壁炉上以外，淘汰掉了。墙面大多用木板，漆白色，后又多采用木材本色，打蜡。装饰题材有自然主义的倾向。最爱用的是千变万化纠缠着的草叶，此外还有蚌壳、蔷薇和棕榈。它们还构成撑托、壁炉架、镜框、门窗框和家具腿等。

○相关知识

（一）新古典主义风格

到了18世纪中叶洛可可风格逐步走向颓废。这时以法国为中心的“启蒙运动”掀起，使善变的法国贵族开始将喜好转移到设计极为体面且适度的新古典主义风格上。

新古典主义风格重视实用性，重视感情与个性，强调在个性的理性原则和逻辑规律中，解放性灵、释放感情，利用简单严峻的几何形创造动人心弦的作品。这种新时代背景下的新古典主义风格，在欧洲诸国甚至新大陆的美国也有复兴倾向。

1 | 法国巴黎凯旋门

2 | 法国马德兰教堂

美国国会大厦

（二）洛可可风格家具

法国路易十五时期也就是洛可可时期，家具娇柔和雅致，符合人体尺度，重点放在曲线上，特别是家具的腿，无横档，家具比较轻巧，容易移动。华丽装饰包括雕刻、镶嵌、镀金物、油漆、彩饰、镀金。家具采用色彩柔和的织物，图案包括不对称的断开的曲线、花，扭曲的漩涡饰、贝壳、中国装饰艺术风格等。

（三）新古典主义时期家具

法国路易十六时期新古典主义影响占统治地位，家具更轻、更女性化和细软，考虑人体舒适的尺度，对称设计，带有直线和几何形式，大多为喷漆的家具。座椅上装坐垫，直线腿，向下部逐渐变细，箭袋形或细长形，有凹槽，椅靠背是矩形、卵形或圆雕饰，顶点用青铜制，金属镶嵌是有节制的，镶嵌细工及镀金等装潢都很精美雅致，装饰图案源于希腊。

（四）法国帝政时期家具

法国帝政时期（1804—1815 年）：家具带有刚健曲线和雄伟的比例，体量厚重，装饰包括厚重的平木板、青铜支座，镶嵌宝石、银、浅浮雕、镀金，广泛使用旋涡式曲线以及少量的装饰线条，家具外观对称统一，采用暗销的胶粘结构。1810 年前一直使用红木，后采用橡木、山毛榉、枫木、柠檬木等。

（五）英国摄政时期家具

英国摄政时期（1811—1830 年）：设计的舒适为主要标准，形式、线条、结构、表面装饰都很简单，许多部件是矩形的，以红木、黑檀、黄檀为主要木材。装饰包括小雕刻、小凸线、雕镂合金、黄铜嵌带、狮足，采用小脚轮，柜门上采用金属线格。

（六）维多利亚时期家具

维多利亚时期家具是 19 世纪混乱风格的代表，不加区别地综合历史上的家具形式。图案花纹十分混杂，包括古典、洛可可、哥特式、文艺复兴、东方的土耳其等。设计趋于退化。1880 年后，家具由机器制作，采用了新材料和新技术，如金属管材、铸铁、弯曲木、层压木板。椅子装有螺旋弹簧，装饰包括镶嵌、油漆、镀金、雕刻等，采用红木、橡木、青龙木、乌木等，构件厚重，家具有舒适的曲线及圆角。

○家具欣赏

这一时期的家具，对每个细节精益求精，在庄严气派中追求奢华优雅，蕴含着欧洲传统的历史痕迹与深厚的文化底蕴。

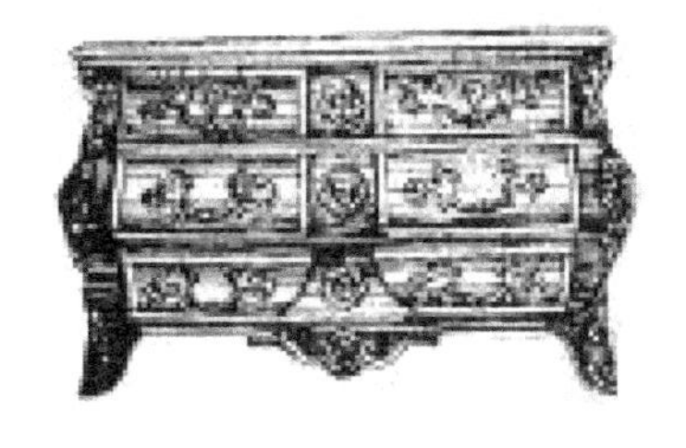
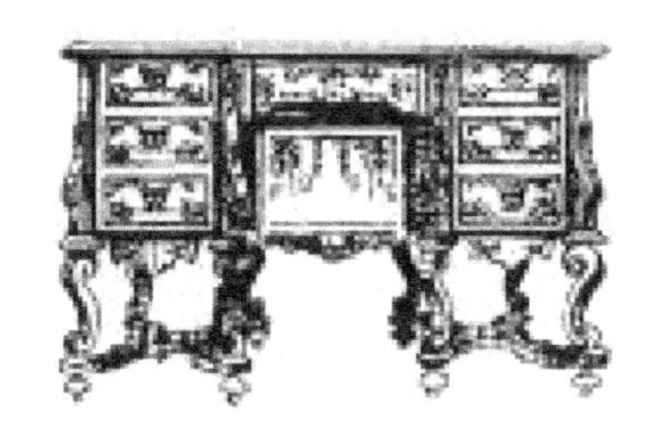
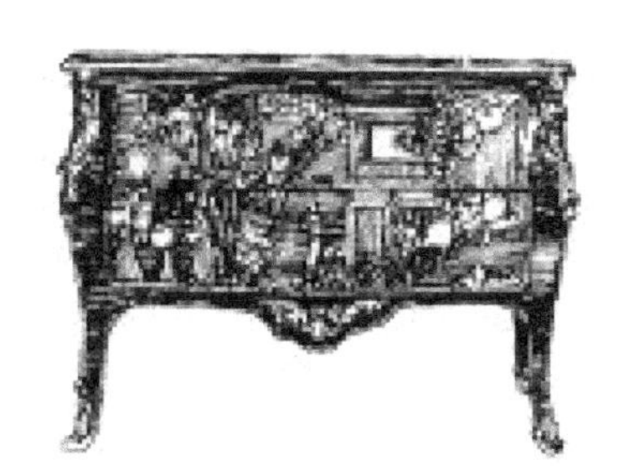
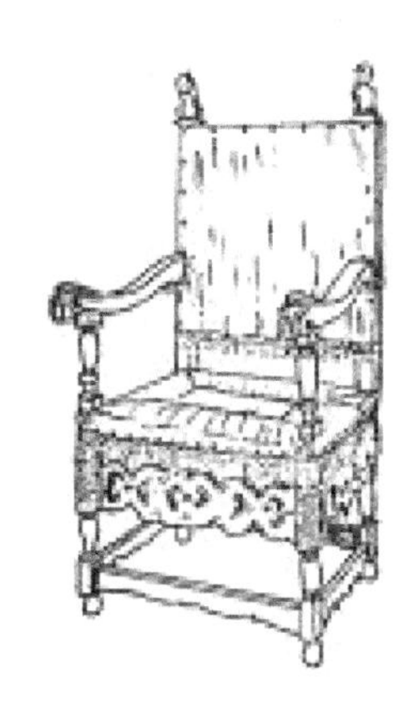

1	2	3
4	5	6
7	8	9

1 | 法国路易十四柯莫德

2 | 法国路易十四式长桌

3 | 摄政式柯莫德（1730年，法国）

4 | 英国—荷兰式扶手椅（17世纪）

5 | 路易十五式扶手椅（18世纪，法国）

6 | 路易十五式安乐椅（18世纪，法国）

7 | 巴洛克式陈列柜（意大利）

8 | 向日葵柜（约1670年）

9 | 英国扶手椅（17世纪马罗制作）

中国古建筑艺术欣赏

中国悠久的历史创造了灿烂的古代文化，而古建筑便是其重要组成部分。中国古建筑早已产生了世界性的影响，成为举世瞩目的文化遗产。欣赏中国古建筑，就好比翻开一部沉甸甸的史书。那洪荒远古的传说，秦皇汉武的丰功，大唐帝国的气概，明清宫禁的烟云，还有史书上找不到记载的千千万万劳动者的聪明才智，都被它形象地一一记录了下来。

课题七　壮丽宏伟的古建筑

中国古建筑从总体上说是以木结构为主，以砖、瓦、石为辅材。从建筑外观上看，建筑由上、中、下三部分组成。上为屋顶，下为基座，中间为柱子、门窗和墙面。在柱子之上，屋檐之下还有一种由木块纵横穿插，层层叠叠组合成的构件（称斗拱）。这是以中国为代表的东方建筑所特有的构件。它既可承托屋檐和屋内的梁与顶棚，又具有较强的装饰效果。“斗拱”这个词在谈论中国古建筑中不可不提，由于它在历代建筑中的做法极富变化，因而成为古建筑鉴定的最主要依据。

任务一　中国古建筑样式欣赏

○图片欣赏

1 | 北京故宫太和殿

2 | 五台山佛光寺大殿

○经典范例—北京故宫

1 2
3 4
5

1 沈阳故宫大政殿
2 北京天坛祈年殿
3 沈阳故宫
4 承德避暑山庄
5 北京故宫

北京故宫是世界现存最大、最完整的木制结构的古建筑之一。明代永乐十八年（1420年）建成，又称“紫禁城”，是无与伦比的古代建筑杰作。

故宫的建筑依据其布局与功用分为“外朝”与“内廷”两大部分。“外朝”与“内廷”以乾清门为界，乾清门以南为外朝，以北为内廷。故宫外朝、内廷的建筑气氛迥然不同。外朝以太和殿、中和殿、保和殿三大殿为中心，位于整座皇宫的中轴线上，其中三大殿中的太和殿俗称“金銮殿”，是皇帝举行朝会的地方，也称为“前朝”，是封建皇帝行使权力、举行盛典的地方。此外两翼东有文华殿、文渊阁、上驷院、南三所；西有武英殿、内务府等建筑。内廷以乾清宫、交泰殿、坤宁宫后三宫为中心，两翼为养心殿、东六宫、西六宫、斋宫、毓庆宫，后有御花园，是封建帝王与后妃居住、游玩之所。内廷东部的宁寿宫是当年乾隆皇帝退位后养老而修建。内廷西部有慈宁宫、寿安宫等。此外还有重华宫、北五所等建筑。

故宫中轴线

○欣赏分析

1. 建筑外形上的特征

外形上的特征是中国古建筑最为显著的特点，它们由屋顶、屋身和台基三个部分组成，各部分的外形和西方古典建筑迥然不同，这种独特的建筑外形，完全是由于建筑的功能、结构和艺术高度结合而产生的。

2. 建筑等级与形式在建筑屋顶上的体现

中国古建筑屋顶可分为以下几种形式：硬山、悬山、攒尖、歇山、庑殿等，根据建筑等级要求分别选用；每种屋顶又有单檐与重檐、起脊与卷棚的区别；个别建筑也有采用叠顶、盔顶、十字脊歇山顶及拱顶的；南方民居的硬山屋顶多采用高于屋面的封火山墙。

其中庑殿顶、歇山顶、攒尖顶又分为单檐（一个屋檐）和重檐（两个或两个以上屋檐）两种，歇山顶、悬山顶、硬山顶可衍生出卷棚顶。

古建筑屋顶除功能性外，还是等级的象征。其等级大小依次为：重檐庑殿顶、重檐歇山顶、重檐攒尖顶、单檐庑殿顶、单檐歇山顶、单檐攒尖顶、悬山顶、硬山顶、盝顶。此外，除上述几种屋顶外，还有扇面顶、万字顶、盔顶、勾连搭顶、十字顶、穹窿顶、圆券顶、平顶、单坡顶、灰背顶等特殊的形式。

中国古建筑屋顶样式

1	2
3	4
5	6

1 | 重檐庑殿顶——曲阜孔庙大成殿

2 | 单檐庑殿顶——北京天坛皇乾殿

3 | 重檐歇山顶——北京故宫保和殿

4 | 单檐歇山顶——北京智化寺

5 | 悬山顶—— 山西平遥镇国寺天王殿

6 | 硬山顶——北京明城墙遗址

1 | 重檐攒尖顶——北京天坛祈年殿

2 | 重檐攒尖顶——云南丽江黑龙潭公园

3 | 攒尖顶——北京故宫中和殿

4 | 硬盔顶——湖南岳阳岳阳楼

1 十字歇山顶——北京故宫角楼
2 单卷棚悬山顶——北京颐和园文昌院
3 悬卷棚歇山顶——杭州楼外楼

○相关知识

建筑群与布局

中国古建筑是以整体建筑群的结构布局、配合、制约而取胜，而不以单一的独立个别建筑为目标。从仰韶时期的居住村落到商朝院落群体，再到后来的丰字型民居以及历代的宫殿建筑群，都是以空间规模巨大，平面铺开，纵深发展，对称布局为主要表现形式，组成了相互联系、相互制约的有机的平面整体。建筑布局十分讲究群体环境观念，不仅强调建筑物之间的协调，还要考虑建筑物与地形、植物、水体及其他环境小品之间的协调。看似非常简单的基本单位却组成了复杂的结构群体，形成了在严格对称中仍有变化，在多样变化中又有统一的风貌。一般以院子为中心，四面布置建筑物，每个建筑物的正面都面向院子，由若干个院子组成有显著的中轴线，线上布置主要的建筑物，设门窗规模较大的建筑，两侧的次要建筑多做对称的布置。各种布局因目的需要而组成宫殿、坛庙、寺庙与道观、陵墓等。

坛庙建筑是介于宗教建筑和非宗教建筑之间的一种独特的建筑类型，多供奉自然山川、祖先伟人。中国古代的坛庙主要有三类：第一类是祭祀自然神，源自对自然山川的原始崇拜，包括天、地、日、月、风、云、雷、雨、社稷（土地神）、山神、水神等；第二类是祭祀祖先、帝王，祭祀祖先的宗庙称为太庙，各级官吏按制度也设有相应规模的家庙、祠堂；第三类是先贤祠庙，如孔子庙、武侯庙、关帝庙等。

塔自从传入我国之后，结合既有建筑的结构与艺术造型，创造出了许多种新形式，成为中国古建筑中重要的组成部分。

1	2
3	4
5	

1 | 河南登封嵩岳寺塔

2 | 山西应县佛宫寺释迦塔

3 | 西安大雁塔

4 | 河北定州开元寺料敌塔

5 | 山西五台山佛光寺大殿剖面

任务二 中国古建筑结构欣赏

○经典范例——山西五台山佛光寺大殿

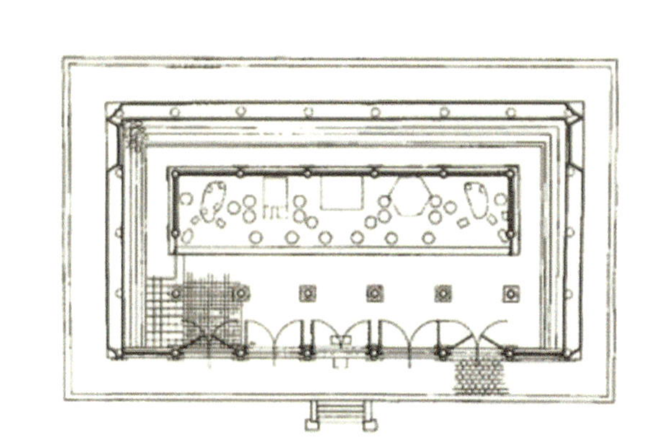

1 | 山西五台山佛光寺大殿平面图

2 | 山西五台山佛光寺大殿立面图

山西五台山佛光寺现存东大殿，是现存的3座唐代木构建筑中规模最大的。大殿面阔7间，进深8架椽，单檐庑殿顶。总宽度为34m，总深度为17.66m。由内外两圈柱子形成“回”字形的柱网平面，称为“金厢斗底槽”。整个构架由回字形的柱网、斗拱层和梁架三部分组成，这种水平结构层组合、叠加的做法是唐代殿堂建筑的典型结构做法。佛光寺大殿作为唐代建筑的典范，形象地体现了结构和艺术的高度统一，简单的平面，却有丰富的室内空间。大大小小、各种形式的上千个木构件通过榫卯紧紧地咬合在一起，构件虽然很多但是没有多余的。而外观造型则是雄健、沉稳、优美，表现出唐代建筑的典型风格。

○欣赏分析

（一）木构架的分类

中国古建筑从原始社会起，一脉相承，以木构架为其主要结构形式，并创造与这种结构相适应的各种平面和外观，形成了一种独特的风格。木构架又有抬梁、穿斗、井干三种不同的结构形式，而抬梁式使用范围较广，在三者中居于首要地位。

1. 抬梁式木构架

抬梁式木构架是沿着房屋的进深方向在石基上立柱，柱上架梁，再在梁上重叠数层瓜柱和梁，自下而上，逐层缩短，逐层加高，至最上层梁上立脊瓜柱，构成一组木构架。

2. 穿斗式木构架

穿斗式木构架是沿着房屋的进深方向立柱，但柱的间距较密，柱直接承受重量，不用架空的抬梁，而以数层“穿”贯通各柱，组成一组组的构架，也就是用较小的柱与数木拼合的穿，做成相当大的构架。

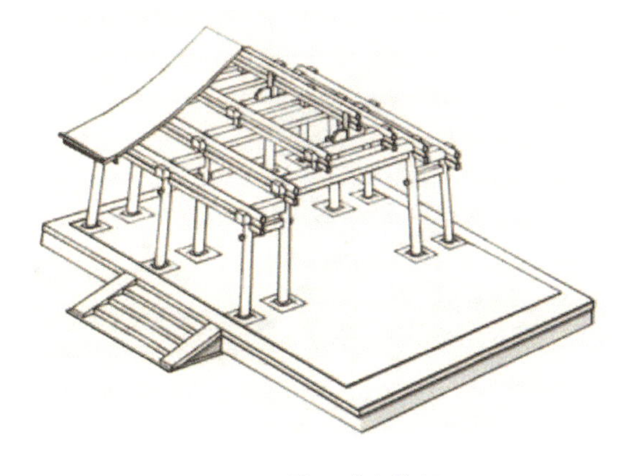

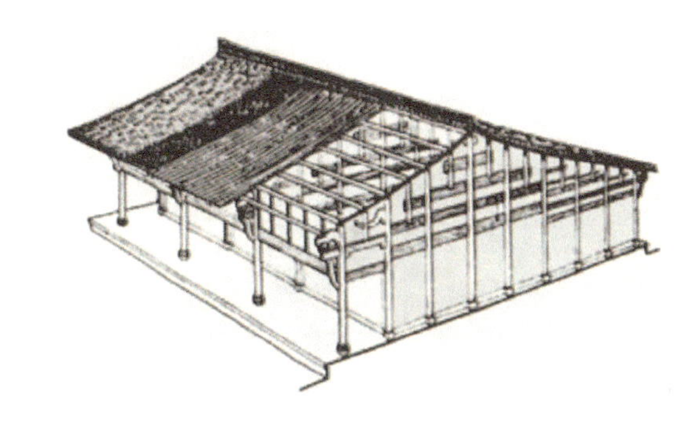

3. **井干式木构架**

井干式木构架是用天然圆木或方形、矩形、六角形断面的木料，层层累叠，构成房屋的壁体。

（二）斗拱

斗拱是中国古代木结构建筑中最具特色的一种构件，某种程度上也可称得上是中国古代传统木结构建筑的象征。斗拱是靠榫卯结构将一组小木构件相互叠压组合而成的一类构件，用于柱顶、额枋、屋檐及构架间，起承重连接作用。斗拱的历史非常悠久，不同时代，斗拱的构成和形态各不相同，但基本都由两个功能件组成：一是横向或纵向用于承托梁枋的“拱”，二是位于“拱”间，承托连接各层“拱”的方形构件“斗”。“斗拱”的名称也由此而来。

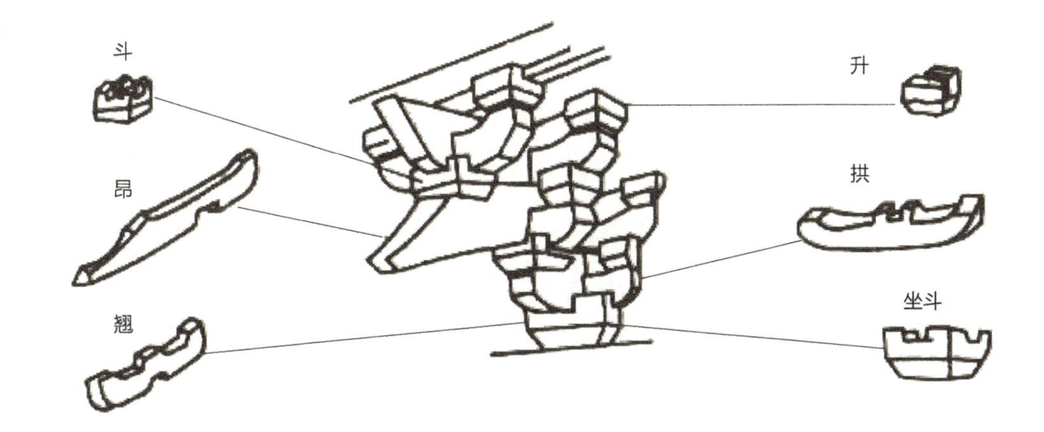

1 | 抬梁式木构架
2 | 穿斗式木构架
3 | 斗拱组成
4 | 斗拱实例一
5 | 斗拱实例二

1 | 斗拱实例三

2 | 独乐寺观音阁

3 | 古建筑屋顶细部一

4 | 古建筑屋顶细部二

5 | 和玺彩画

6 | 旋子彩画

7 | 苏式彩画

任务三 中国古建筑装饰欣赏

○图片欣赏

○欣赏分析

（一）中国古建筑色彩运用

色彩的使用也是中国古建筑最显著的特征之一，如宫殿庙宇中用黄色琉璃瓦顶、朱红色屋身，檐下阴影里用蓝绿色略加点金，再衬以白色石台基，各部分轮廓鲜明，使建筑物更显得富丽堂皇。在建筑上使用这样强烈的色彩而又得到如此完美的效果，在世界建筑上也是少有的。色彩的使用，在封建社会中也受到等级制度的限制，在一般住宅建筑中多用青灰色的砖墙瓦顶，或用粉墙瓦檐、木柱，梁枋门窗等多用黑色、褐色或本色木面，也显得十分雅致。

（二）彩画

1. 和玺彩画

和玺彩画等级最高（和玺彩画根据建筑的规模、等级与使用功能的需要，分为金龙和玺、金凤和玺、龙凤和玺、龙草和玺及苏画和玺等五种），如故宫的三大殿，乾清宫、交泰殿等皆用之。其特点是用两个形象如书名号的线条括起，其间用龙和凤的图案组成，间补以花卉图案，并大面积地沥粉贴金，较少用晕，又以蓝绿色相间形成对比并衬托金色图案，显得金碧辉煌。

2. 旋子彩画

旋子彩画应用范围较广，一般的官衙、庙宇主殿和宫殿、坛庙的次要殿堂都用。旋子彩画次于和玺彩画，常用于殿式彩画，既素雅又华美。旋子彩画分若干品级，使用局限很广，首要用于普通官衙、寺院、城楼、牌坊、主殿堂门等修建。其最大的特点是在藻头内使用了带卷涡纹的花瓣，即所谓旋子。

3. 苏式彩画

苏式彩画多用于住宅园林。其布局灵活，绘画题材广泛，常绘历史人物故事、山水风景、花鸟虫鱼等。

○相关知识

中国古建筑上的装饰细部，大部分都是梁枋、斗拱、檩椽等结构构件经过艺术加工而发挥其装饰作用的。中国古建筑还综合运用了中国工艺美术以及绘画、雕刻、书法等方面的卓越成就，如额枋上的匾额、柱上的楹联、门窗上的棂格等，都是丰富多彩、变化无穷的，具有我国浓厚的传统民族风格。

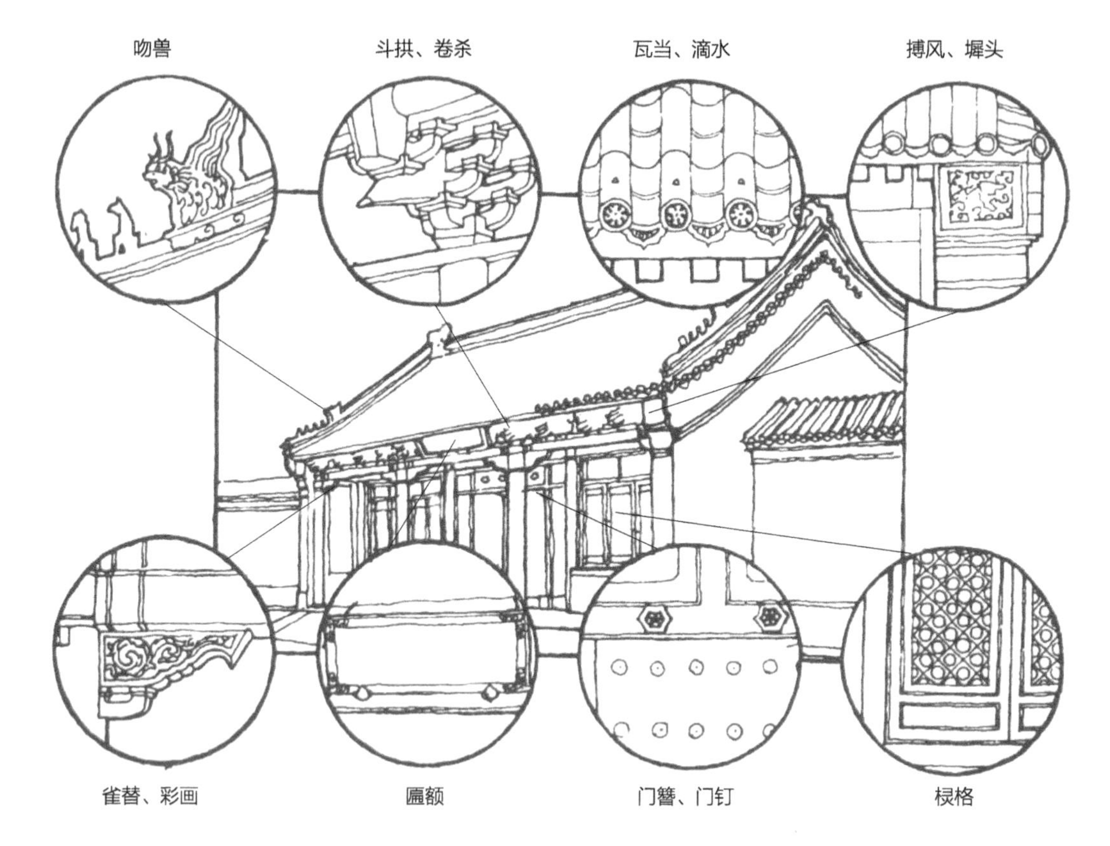

1. 屋顶瓦作

屋顶瓦作分为大式、小式；大式有筒瓦骑缝，脊上有吻兽等，小式无吻兽。

屋脊是不同坡面的交界，作用在于防漏，上有各种装饰。

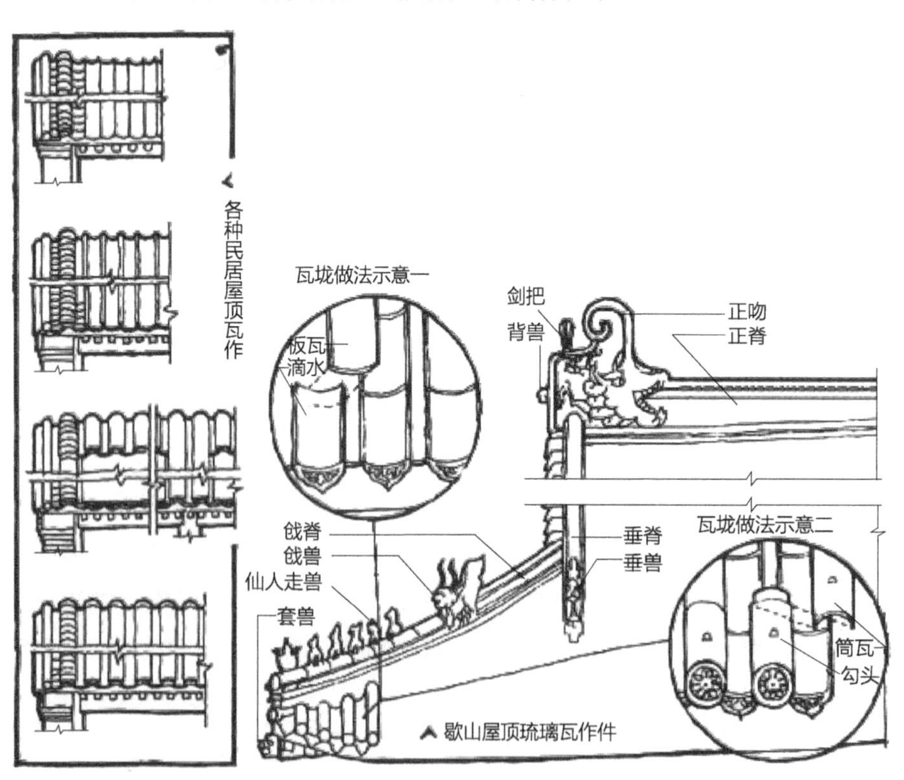

1 2
1 古建筑细部放大图
2 屋顶瓦作

2. 台基、台阶

台基是全部建筑物的基础，其构造是四面砖墙、里面填土、上面墁砖的台子。分别有御路踏跺、如意踏跺、垂带踏跺、礓碴等类型。

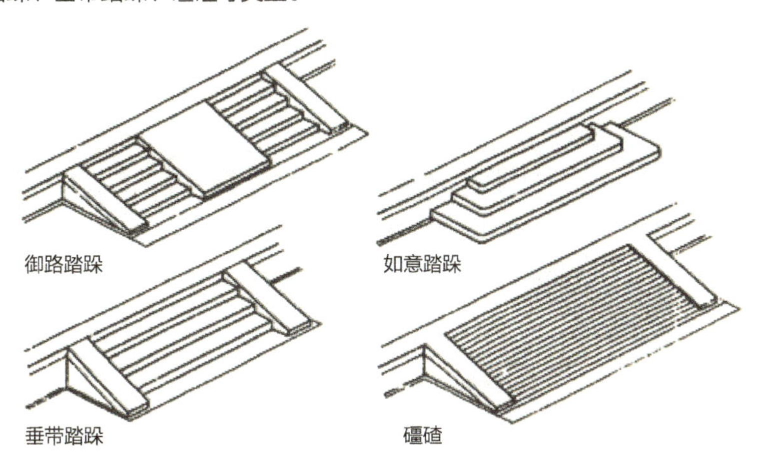

课题八　意境无穷的古典园林

中国的园林建筑历史悠久，在世界园林史上享有盛名，在世界三大园林体系中占有光辉的地位。以山水为主的中国园林风格独特，其布局灵活多变，将人工美与自然美融为一体，形成巧夺天工的奇异效果。这些园林建筑源于自然而高于自然，隐建筑物于山水之中，将自然美提升到更高的境界。中国园林建筑包括宏大的皇家园林和精巧的私家园林，这些建筑将山水地形、花草树木、庭院、廊桥及楹联、匾额等精巧布设，使得山石流水处处生情，意境无穷。

任务一　皇家园林欣赏

皇家园林是最早出现的中国古典园林，属于皇帝和皇室所私有，尽管大多是利用自然山水加以改造而成的，但在营造如花的风景的同时显示了皇家的气派。

○图片欣赏

1 台基、台阶
2 承德避暑山庄一
3 承德避暑山庄二

1	2
3	4
5	6
7	8

1 承德避暑山庄三
2 承德避暑山庄四
3 承德避暑山庄五
4 承德避暑山庄六
5 承德避暑山庄七
6 承德避暑山庄八
7 圆明园一
8 圆明园二

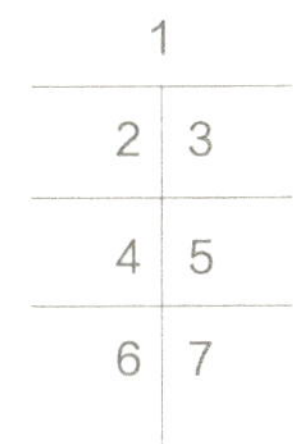

1 | 颐和园全景图

2 | 颐和园一

3 | 颐和园二

4 | 颐和园三

5 | 颐和园四

6 | 颐和园五

7 | 颐和园六

1 | 颐和园七

2 | 颐和园八

颐和园是中国现存规模最大、保存最完整的皇家园林。利用昆明湖、万寿山为基址，汲取江南园林的某些设计手法建成的一座大型天然山水园。颐和园占地面积 2.97km^2（293 公顷），主要由万寿山和昆明湖两部分组成，其中水面占四分之三（大约 220 公顷）。颐和园集传统造园艺术之大成，万寿山、昆明湖构成其基本框架，借景周围的山水环境，饱含中国皇家园林的恢宏富丽气势，又充满自然之趣，高度体现了“虽由人作，宛自天开”的造园准则。亭台、长廊、殿堂、庙宇和小桥等人工景观与自然山峦和开阔的湖面相互和谐、艺术地融为一体。

○欣赏分析

（一）中国古代园林建筑发展概述

中国古代园林的开端最早可以追溯到商朝时期，随后经过了春秋战国、秦汉、魏晋、唐宋、明清的不断发展逐渐从萌芽走向成熟。最初在商朝以“囿”的形式为发端；到春秋战国时期园林组成要素形成，园林艺术进入萌芽阶段；秦汉时期出现了园林官室建筑为主的宫苑，园林的形式从“囿”发展到了“苑”；魏晋南北朝时期的园林开始崇尚自然，同时私家园林增多，园林发展到了“园”的阶段；唐宋时期园林发展日趋成熟，园林在造园技巧上取得了很大成就。明清时期园林艺术进入精深发展阶段，此时的园林在设计和建造上都达到了高峰。

（二）中国古代园林组成要素

1. 山石

为表现自然，筑山是造园的最主要的要素之一。秦汉的上林苑，开创了人为造山的先例。

东汉梁冀模仿伊洛二峡，有园中累土构石为山，从而开拓了从对神仙世界向往，转向对自然山水的模仿，标志着造园艺术以现实生活作为创作起点。

魏晋南北朝的文人雅士们，采用概括、提炼手法，所造山的真实尺度大大缩小，力求体现自然山峦的形态和神韵。这种写意式的叠山，比自然主义模仿大大前进一步。

唐宋以后，由于山水诗、山水画的发展，玩赏艺术的发展，对叠山艺术更为讲究。

明代造山艺术，更为成熟和普及。明计成在《园冶》的“掇山”一节中，列举了园山、厅山等 17 种形式，总结了明代的造山技术。

清代造山技术更为发展和普及。现存的苏州拙政园、常熟的燕园、上海的豫园，都是明清时代园林造山的佳作。

2. 池水

为表现自然，理池也是造园最主要因素之一。自然式园林以表现静态的水景为主，表现水的动态美。园林一定要省池引水。古代园林理水之法，一般有三种：

（1）掩　以建筑和绿化，将曲折的池岸加以掩映。

（2）隔　或筑堤横断于水面，或隔水净廊可渡，或架曲折的石板小桥，或涉水点以步石。如此则可增加景深和空间层次，使水面有幽深之感。

（3）破　水面很小时，如曲溪绝涧、清泉小池，可用乱石为岸，怪石纵横、犬牙交齿，并植配以细竹野藤、朱鱼翠藻，那么虽是一洼水池，也令人似有深邃山野风致的审美感觉。

3. 植物

植物是造山理池不可缺少的因素。自然式园林着意表现自然美。一讲姿美，树冠的形态、树枝的疏密曲直、树皮的质感等都追求自然优美；二讲色美，树叶、树干、花都要求有各种自然的色彩美；三讲味香，要求自然淡雅和清幽。

在植物的配置上最好四季常有绿，月月有花香。花木对园林山石景观起衬托作用，又往往和园主追求的精神境界有关。如竹子象征人品清逸和气节高尚等。

古树名木对创造园林气氛非常重要。古木繁花，可形成古朴幽深的意境。构建房屋容易，百年成树艰难。当建筑物与古树名木矛盾时，宁可挪动建筑以保住大树。

除花木外，草皮也十分重要，或平坦或起伏或曲折的草皮，也令人陶醉于向往中的自然。

4. 动物

中国古典园林重视饲养动物。最早的苑囿中，以动物作为观赏、娱乐对象。魏晋南北朝园林中有众多鸟禽，使之成为园林山水景观的天然点缀。明清时园中有白鹤、鸳鸯、金鱼，还有天然乌蝉等。园中动物可以观赏娱乐，可以隐喻长寿，也可以借以扩大和涤化自然境界；令人通过视觉、听觉产生联想。

5. 园林建筑

园林中建筑有十分重要的作用。它可满足人们享受生活和观赏风景的愿望。中国自然式园林，其建筑一方面要可行、可观、可居、可游，一方面起着点景、隔景的作用，使园林移步换景、渐入佳境，以小见大，又使园林显得自然、淡泊、恬静、含蓄。这是与西方园林建筑很不相同之处。

6. 匾额、楹联与刻石

每个园林建成后，园主总要邀集一些文人，根据园主的立意和园林的景象，给园林和建筑物命名，并配以匾额题词、楹联诗文及刻石。匾额是指悬置于门振之上的题字牌；楹联是指门两侧柱上的竖牌；刻石是指山石上的题诗刻字。园林中的匾额、楹联及刻石的内容，多数是直接引用前人已有的现成诗句，或略作变通。如苏州拙政园的浮翠阁引自苏东坡诗中的“三峰已过天浮翠”。

○相关知识

（一）中国园林主要园林建筑

1. 厅堂

厅堂是待客与集会活动的场所，也是园林中的主体建筑。厅堂的位置确定后，全园的景色布局才依次衍生变化，形成各种各样的园林景致。厅堂一般坐北朝南。厅堂建筑的体量较大，空间环境相对也开阔，在景区中，通常建于水面开阔处，临水一面多构筑平台。

2. 楼阁

楼阁是园林中的二类建筑，属较高层的建筑。阁，四周开窗，每层设围廊，以便眺望观景。一般如作房间，须回环窈窕；作藏书画，须爽皑高深；供登眺，视野处要有可赏之景。楼和阁体量处理要适宜，避免造成空间尺度的不和谐而损坏全园景观。

3. 书房馆斋

馆可供宴客之用，其体量有大有小，与厅堂稍有区别；大型的馆，如留园的五峰仙馆、林泉香石馆，实际上是主厅堂。斋供读书用，环境当隐蔽清幽，尽可能避开园林中主要游览路线。建筑式样较简朴，常附以小院，植芭蕉、梧桐等树木花卉，以创造一种清静、淡泊的情趣。

4. 榭

榭建于水边或花畔，借以成景。其平面常为长方形，一般多开敞或设窗扇，以供人们游玩、眺望。水榭则要三面临水。

5. 轩

轩是小巧玲珑、开敞精致的建筑物，室内简洁雅致，室外或可临水观鱼，或可品评花木，或可极目远眺。

6. 舫

舫是仿造舟船造型的建筑，常建于水边或池中。大多将船的造型建筑化，在体量上模仿船头、船舱的形式，便于与周围环境协调，也便于内部建筑空间的使用。南方和岭南园林常在园中造舫，如南京煦园不系舟，是太平天国天王府的遗物，苏州拙政园的香洲是舫中佼佼者。

7. 亭

亭是一种开敞的小型建筑物，主要供人休憩观景。亭在造园艺术中的广泛应用，标志着园林建筑在空间上的突破，或立山巅，或枕清流等方位，空间上独立自在，布局上灵活多变。在建筑艺术上，亭集中了中国古建筑最富民族形式的精华。亭按平面形状分，常见的有三角亭、方亭、梅花亭、套方亭等；按屋顶形式分，有单檐亭、重檐亭等，攒尖高耸，檐宇如飞，形象十分生动而空灵；按所处位置分，有桥亭、路亭、井亭、廊亭。凡有佳景处都可建亭，为景色增添民族色彩和气质。

8. 路与廊

路和廊在园林中不仅有交通的功能，更重要的是还有观赏的作用。廊是中国园林中最富有可塑性与灵活性的建筑。它在交通上连通自如，可让游人移步换景，还可使游人免受烈日风雨之苦，观赏不同季节和气象的园林美。

廊又有单廊与复廊之分。单廊曲折幽深，若在庭中，可观赏两边景物；若在庭边，可观赏一边景物，还有一边通常有碑石，还可以欣赏书法字画，领略历史文化。复廊是两条单廊的复合，于中间分隔墙上开设众多花窗，两边可对视成景，既移步换形增添景色，又扩大了园林的空间。

9. 桥

园林中的桥一般采用拱桥、平桥、廊桥、曲桥等类型，有石制、竹制、木制的，十分富有民族特色。它不但有增添景色的作用，还可用以隔景，在视觉上产生扩大空间的作用。同时过了一桥又一桥，也颇增游客游兴。特别是南方园林和岭南园林，由于多湖泊河川，桥也较多。

10. 园墙

园墙是围合空间的构件。中国的园林都有园墙，且具民族特色。如龙墙，蜿蜒起伏，颇有气派。

园中的建筑群又都采用院落式布局，园墙更是不可缺少的组成部分。漏窗的形式有方、横长、圆、六角形等。园林中的院墙和走廊、亭榭等建筑物的墙上，往往有不装门扇的门孔和不装窗扇的窗孔，分别称洞门和空窗。窗的花纹图案灵活多样，有几何形和自然形两种。洞门除供人出入，空窗除采光通风外，在园林艺术上又常作为取景的画框，使人在游览过程中不断获得生动的画面。

任务二 私家园林欣赏

私家园林是相对于皇家园林而言的，私家园林无论在内容上还是形式上都表现出许多不同于皇家园林之处。始于魏晋南北朝时期的中国古典私家园林，开启了后世文人经营园林的先河。

○图片欣赏

1 | 苏州留园一

2 | 苏州留园二

3 | 苏州留园三

4 | 苏州网师园一

5 | 苏州网师园二

6 | 苏州狮子林一

1 | 苏州狮子林二
2 | 苏州狮子林三
3 | 苏州狮子林四
4 | 苏州狮子林五
5 | 苏州沧浪亭一
6 | 苏州沧浪亭二
7 | 扬州个园一
8 | 扬州个园二

1	2
3	4
5	6
7	8

1 无锡寄畅园一
2 无锡寄畅园二
3 上海豫园
4 扬州何园一
5 扬州何园二
6 顺德清晖园一
7 顺德清晖园二

1	2
3	4
5	6
	7

○经典范例——拙政园

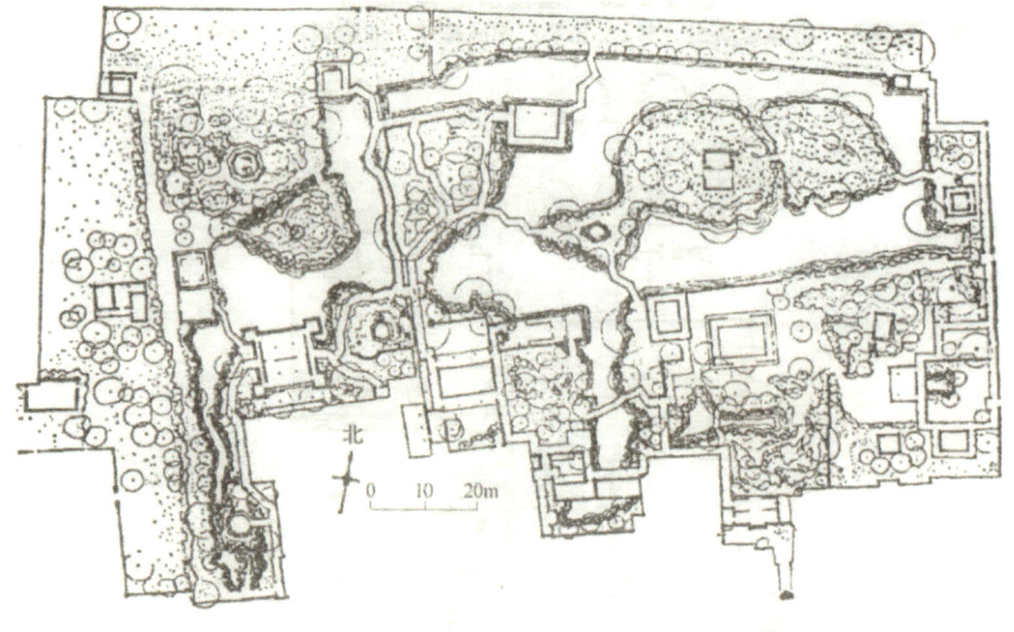

1 拙政园一 2 拙政园二 3 拙政园三 4 拙政园平面图

拙政园，江南园林的代表，苏州园林中面积最大的古典山水园林，建于明代正德四年（1509年），全园占地78亩（52000m²），分为东、中、西和住宅四个部分。以其布局的山岛、竹坞、松岗、曲水之趣，被胜誉为“天下园林之典范”。

○欣赏分析

皇家园林与私家园林的对比

自古以来，中国的园林艺术一直处于世界领先地位，并且因其巧、宜、精、雅的鲜明特点，自然美与建筑美的高度融合，被誉为“世界园林之母”，但是皇家园林和私家园林还是存在一定的区别的：

其一，就其经营者来说，皇家园林当然是由皇权集中者掌握，但是在其构思设计方面则由专人负责。而私家园林大都是封建文人、士大夫及地主经营的，他们能诗会画，善于品评，充溢着浓郁的书卷气，园林风格以清高风雅为最高追求。私家园林尽管是小本经营，但是他们更讲究自我设计、自我创新，更讲究细部的处理和建筑的玲珑精致。

其二，就其园林占地面积及建筑色彩来看，皇家园林建筑大气，规模宏大，占地面积广阔，以黄色和红色为主打，用以突出皇家的庄严肃穆、豪华富丽。而私家园林规模较小，一般只有几亩至十几亩，小的仅一亩半亩而已，房屋建筑色调以黑灰色为主，强调一种静谧典雅之感。

其三，就其园中水景来看，北方相对于南方而言，水资源匮乏，园林供水困难。以北京为例，除西北部之外，几乎都缺少充足的水源，因而水池的面积都比较小，甚至采用“旱园”的做法。而南方私家园林则因其地理、气候优势有充沛的水资源，因此，园林中大多以水面为中心，四周散布建筑，构成一个个景点，几个景点围合而成景区，配合着湖面种植具有南方风情的花草树木，别有一番风味。

最后，就其园林建筑构思与设计而言，皇家园林的规划布局更为严苛缜密，中轴线、对景线运用较多，赋予园林以严谨、凝重的格调，特别是王府花园，园内的空间划分较少，因而整体性很强。而江南的私家园林的造园家的主要构思是“小中见大”，即在有限的范围内运用含蓄、扬抑、曲折、暗示等手法来启动人的主观再创造，曲折有致，形成一种似乎深邃不尽的景境，扩大人们对于实际空间的感受；在园景的处理上，善于在有限的空间内有较大的变化，巧于因借，巧妙地组成千变万化的景区和游览路线，利用借景的手法，使得盈尺之地，俨然大地。在你“山重水复疑无路”之时却又有“柳暗花明又一村”之感，使之产生“迂回不尽致，云水相忘之乐”。常用粉墙、花窗或长廊来分割园景空间，但又隔而不断，掩映有趣。通过一个个漏窗，形成不同的画面，变幻无穷，激发游人探幽的兴致。有虚有实，移步换景，主次分明。

如苏州拙政园，园中心是远香堂，它的四面都是挺秀的窗格，像是取景框，人们在堂内可以通过窗格观赏到不同的园景。远香堂的对面，绿叶掩映的山上，有雪香云蔚亭，亭的四周遍植蜡梅；东面，亭亭玉立的玉兰和鲜艳的桃花，点缀在亭台假山之间；西面，朱红栋梁的荷风四面亭，亭边柳条摇曳，倍觉雅静清幽。国内植物花卉品种繁多，富有情趣，建筑玲珑活泼，给人以轻松之感。

○相关知识

中国古代园林的艺术特色

（一）造园艺术，师法自然

师法自然在造园艺术上包含两层内容。一是总体布局、组合要合乎自然，山与水的关系以及假山中峰、涧、坡、洞各景象因素的组合，要符合自然界山水生成的客观规律。二是每个山水景象要素的形象组合要合乎自然规律，如假山峰峦是由许多小的石料拼叠合成，叠砌时要仿天然岩石的纹脉，尽量减少人工拼叠的痕迹；水池常做自然曲折、高下起伏状；花木布置应是疏密相间，形态天然；乔灌木也错杂相间，追求天然野趣。

（二）分隔空间，融于自然

中国古代园林用种种办法来分隔空间，其中主要是用建筑来围蔽和分隔空间。分隔空间力求从视觉上突破园林实体的有限空间的局限性，使之融于自然，表现自然。为此，必须处理好形与神、景与情、意与境、虚与实、动与静、因与借、真与假、有限与无限、有法与无法等种种关系。如此，则把园内空间与自然空间融合和扩展开来。比如漏窗的运用，使空间流通、视觉流畅，因而隔而不绝，在空间上起互相渗透的作用。在漏窗内看，玲珑剔透的花饰、丰富多彩的图案，有浓厚的民族风味和美学价值；透过漏窗，竹树迷离摇曳，亭台楼阁时隐时现，远空蓝天白云飞游，形成幽深宽广的空间境界和意趣。

（三）园林建筑，顺应自然

中国古代园林中，有山有水，有堂、廊、亭、榭、楼、台、阁、馆、斋、舫、墙等建筑。人工的山，石纹、石洞、石阶、石峰等都显示自然的美色。人工的水，岸边曲折自如，水中波纹层层递进，也都显示自然的风光。所有建筑，其形与神都与天空、地下自然环境吻合，同时又使园内各部分自然相接，以使园林体现自然、淡泊、恬静、含蓄的艺术特色，并收到移步换景、渐入佳境、小中见大等观赏效果。

（四）树木花卉，表现自然

与西方系统园林不同，中国古代园林对树木花卉的处理与安设，讲究表现自然。松柏高耸入云，柳枝婀娜垂岸，桃花数里盛开……乃至于树枝弯曲自如，花朵迎面扑香……其形与神，其意与境都十分重在表现自然。

师法自然，融于自然，顺应自然，表现自然——这是中国古代园林体现“天人合一”民族文化所在，是独立于世界之林的最大特色，也是永具艺术生命力的根本原因。

课题九　各具特色的民居建筑

中国的民居是我国传统建筑中的一个重要类型，是中国古代民间建筑体系中的重要组成内容。由于中国各地区的自然环境和人文情况不同，各地民居也显现出多样化的面貌，种类繁多，建筑艺术水平高超。

中华民族历史悠久、幅员广阔，在几千年的历史文化进程中，人们以朴素的生态观，结合自然、气候和超凡的审美意境创造了宜人的居住环境。

1 北京四合院
2 徽州民居
3 西北窑洞
4 山西民居
5 福建土楼
6 藏族碉房
7 蒙古包

1	2
3	4
5	6
	7

○经典范例一——北京四合院

北京四合院是北京传统民居形式，辽代时已初成规模。所谓四合，“四”指东、西、南、北四面，“合”即四面房屋围在一起，形成一个“口”字形。经过数百年的营建，北京四合院从平面布局到内部结构、细部装修都形成了特有的京味风格。北京正规四合院一般依东西向的胡同而坐北朝南，基本形式是分居四面的北房（正房）、南房（倒座房）和东、西厢房，四周再围以高墙形成四合，开一个门。四合院中间是庭院，院落宽敞，庭院中植树栽花，备缸饲养金鱼，是四合院布局的中心，也是人们穿行、采光、通风、纳凉、休息、家务劳动的场所。

○欣赏分析

四合院虽有一定的规制，但规模大小却不等，大致可分为大四合、中四合、小四合三种。小四合院一般是北房3间，1明2暗或者2明1暗，东西厢房各2间，南房3间，起脊瓦房。中四合院比小四合院宽敞，一般是北房5间，3正2耳，东、西厢房各3间，房前有廊以避风雨。另以院墙隔为前院（外院）、后院（内院），院墙以月亮门相通。前院进深浅显，以一二间房屋以作门房，后院为居住房，建筑讲究，层内方砖墁地，青石作阶。大四合院习惯上称作“大宅门”，房屋设置可为5南5北、7南7北，甚至还有9间或者11间大正房，一般是复式四合院，即由多个四合院向纵深相连而成。院落极多，可有前院、后院、东院、西院、正院、偏院、跨院、书房院、围房院、马号、一进、二进、三进等。院内均有抄手游廊连接各处，占地面积极大。如果可供建筑的地面狭小，或者经济能力无法承受的话，四合院又可改盖为三合院，不建南房。中型和小型四合院一般是普通居民的住所，大四合院则是府邸、官衙用房。北京四合院属砖木结构建筑，梁柱门窗及檐口椽头都要油漆彩画，虽然没有宫廷苑囿那样金碧辉煌，但也是色彩缤纷。墙习惯用磨砖、碎砖垒墙。屋瓦大多用青板瓦，正反互扣，檐前装滴水。

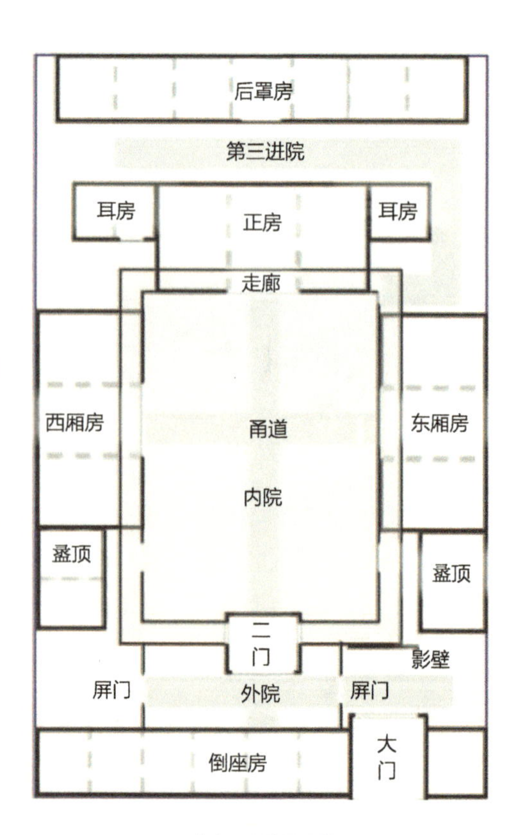

北京四合院平面图

1 | 北京四合院示意图

2 | 北京四合院入口

3 | 北京四合院内院

○经典范例二——徽州民居

徽派建筑是中国古建筑重要的流派之一，徽州民居是实用性与艺术性的完美统一。徽派民居风格独特、结构严谨、雕镂精湛，尤以民居、祠堂和牌坊最为典型，被誉为“徽州古建三绝”， 工艺特征和造型风格为中外建筑界所重视和叹服。其在总体布局上，依山就势，构思精巧，自然得体；在平面布局上规模灵活，变幻无穷；在空间结构和利用上，造型丰富，讲究韵律美，以马头墙、小青瓦最有特色；在建筑雕刻艺术的综合运用上，融石雕、木雕、砖雕为一体，显得富丽堂皇。

1 | 徽州民居一

2 | 徽州民居二

3 | 徽州民居三

○经典范例三——西北窑洞

窑洞是中国西北黄土高原上居民的古老居住形式，这一“穴居式”民居的历史可以追溯到四千多年前。窑洞建筑最大的特点就是冬暖夏凉，传统的窑洞空间从外观上看是圆拱形，虽然很普通，但是在单调的黄土为背景的情况下，圆弧形更显得轻巧而活泼。这种源自自然的形式，体现了传统思想里天圆地方的理念。门洞处高高的圆拱加上高窗，在冬天的时候可以使阳光进一步深入到窑洞的内侧，从而可以充分地利用太阳辐射，因为内部空间也是拱形的，加大了内部的竖向空间，使人们感觉开敞舒适。窑洞一般有靠崖式窑洞、下沉式窑洞、独立式窑洞等形式，其中靠山式窑洞应用较多，它是建在山坡、土原边缘处，常依山向上呈现数级台阶式分布，下层窑顶为上层前庭，视野开阔。下沉式窑洞则是就地挖一个方形地坑，再在内壁挖窑洞，形成一个地下四合院。

1 | 西北窑洞一

2 | 西北窑洞二

○经典范例四——福建土楼

福建土楼，包括闽南土楼和一部分客家土楼。福建土楼通常是指利用不加工的生土，夯筑承重生土墙壁所构成的群居和防卫合一的大型楼房，形如天外飞碟，散布在青山绿水之间；主要分布地区为中国福建西南山区，客家人和闽南人聚居的福建、江西、广东三省交界地带，包括以闽南人为主的漳州市，闽南人与客家人参半的龙岩市。福建土楼是世界独一无二的大型民居形式，被称为中国传统民居的瑰宝。永定客家土楼布局合理，与黄河流域的古代民居建筑极为相似。从外部环境来看，注重选择向阳避风、临水近路的地方作为楼址，以利于生活、生产。形式多样的土楼，乃至发展为参差错落、层次分明、蔚为壮观、颇具山区建筑特色的土楼群。

1 | 西北窑洞三

2 | 福建土楼示意图

从土楼建筑本身来看，南靖客家土楼的布局绝大多数具备以下 3 个特点：

1）中轴线鲜明，殿堂式围屋、五凤楼、府第式方楼、方形楼等尤为突出。厅堂、主楼、大门都建在中轴线上，横屋和附属建筑分布在左右两侧，整体两边对称极为严格。圆楼也相同，大门、中心大厅、后厅都置于中轴线上。

2）以厅堂为核心。楼楼有厅堂，且有主厅。以厅堂为中心组织院落，以院落为中心进行群体组合。即使是圆楼，主厅的位置也十分突出。

3）廊道贯通全楼，可谓四通八达。但类似集庆楼这样的小单元式、各户自成一体、互不相通的土楼在南靖乃至客家地区为数极少。

○经典范例五——藏族碉房

碉房是中国西南部的青藏高原以及内蒙古部分地区常见的居住建筑形式。藏族碉房主要分布在西藏、青海、甘肃及四川西部一带，是一种用乱石垒砌或土筑的房屋，因外观很像碉堡，故称为碉房。

碉房一般有 3 ～ 4 层。底层养牲口和堆放饲料、杂物；二层布置卧室、厨房等；三层设有经堂。由于藏族信仰藏传佛教，诵经拜佛的经堂占有重要位置，神位上方不能住人或堆放杂物，所以都设在房屋的顶层。为了扩大室内空间，二层常挑出墙外，轻巧的挑楼与厚重的石砌墙体形成鲜明的对比，建筑外形因此富于变化。

藏族民居色彩朴素协调，基本采用材料的本色：泥土的土黄色，石块的米黄色、青色、暗红色，木料部分则涂上暗红，与明亮色调的墙面屋顶形成对比。粗石垒造的墙面上有成排的上大下小的梯形窗洞，窗洞上带有彩色的出檐。在高原上的蓝天白云、雪山冰川的映衬下，座座碉房造型严整而色彩富丽，风格粗犷而凝重。

1 | 藏族碉房一

2 | 藏族碉房二

○经典范 例六——新疆阿以旺

新疆维吾尔自治区地处祖国西北，地域辽阔，是多民族聚居的地区。新疆属大陆性气候，气温变化剧烈，昼夜温差很大，素有“早穿皮袄午穿纱，晚围火炉吃西瓜”的说法。

所谓“阿以旺”，是一种带有天窗的夏室（大厅），有起居、会客等多种用途。后室称冬室，是卧室，通常不开窗。住宅的平面布局灵活，室内设多处壁龛，墙面大量使用石膏雕饰，具有十分鲜明的民族和地方特色。这种房屋连成一片，以土坯建筑为主，整体多为带有地下室的单层或双层拱式平顶，农家还用土坯块砌成晾制葡萄干的镂空花墙的晾房。住宅一般分前后院，后院是饲养牲畜和积肥的场地，前院为生活起居的主要空间，院中引进渠水，栽植葡萄和杏等果木，葡萄架还可蔽日纳凉。院内有用土块砌成的拱式小梯通至屋顶，梯下可存物，空间很紧凑。

1 | 新疆阿以旺

2 | 新疆阿以旺内景

○经典范例七——蒙古包

蒙古包是对蒙古族牧民传统住房的称呼。“包”是家、屋的意思。蒙古包古称穹庐，又称毡帐、帐幕、毡包等。蒙古语称格儿，满语为蒙古包或蒙古博。蒙古包是游牧民族为适应游牧生活而创造的，易于拆装，便于游牧。

蒙古包呈圆形，四周侧壁分成数块，每块高 130 ~ 160cm、长 230cm 左右，用条木编成网状，几块连接，围成圆形，上盖伞骨状圆顶，与侧壁连接。帐顶及四壁覆盖或围以毛毡，用绳索固定。西南壁上留一木框，用以安装门板，帐顶留一圆形天窗，以便采光、通风，排放炊烟，夜间或风雨雪天覆以毡。蒙古包最小的直径约 300cm，大的可容数百人。蒙古包分固定式和游动式两种。半农半牧区多建固定式，周围砌土壁，上用苇草搭盖；游牧区多为游动式，可拆卸，以牛车或马车拉运。

1 | 蒙古包内景

2 | 蒙古包

新建筑的探索与欣赏

近二百多年，世界各主要资本主义国家先后经历了资本积累、自由竞争，进而进入了资本垄断阶段，为了适应社会发展的需要，西方国家创造了完全不同于封建社会时期的建筑。建筑的数量、类型与规模飞快发展，形成了与古典建筑截然不同的建筑艺术风格。

课题十　新建筑运动的探索

从 19 世纪末到第一次世界大战爆发前，新派建筑师向原有的传统建筑观念发起一阵又一阵的冲击，为后一阶段的建筑变革打下了广泛的基础。这一时期是 19 世纪的建筑到 20 世纪的建筑的蜕变转换时期。这些建筑师的思想和业绩对后来的反映 20 世纪特点而与历史上一切建筑相区别的建筑有积极的作用。这一时期被后人称为“新建筑运动”。

任务一 工业革命影响下的建筑欣赏

○图片欣赏

1 | 埃菲尔铁塔

2 | 牛津大学博物馆

○经典范例——埃菲尔铁塔

埃菲尔铁塔是世界上第一座钢铁结构的高塔，就建筑高度来说，当时是独一无二的。埃菲尔铁塔从1887年起建，分为3层，分别在离地面57.6m、115.7m和276.1m处，其中1、2楼设有餐厅，第3楼建有观景台。埃菲尔铁塔屹立在巴黎市中心的塞纳河畔，高320多m，相当于100层楼高。4个塔墩由水泥浇灌，塔身全部是钢铁镂空结构，从塔座到塔顶共有1711级阶梯，共用去钢铁7000t，12000个金属部件，259万个铆钉，极为壮观华丽。

○经典范例——伦敦水晶宫

伦敦水晶宫是英国工业革命时期的代表性建筑。其建筑面积约7.4万m^2，宽408英尺（约124.4m），长1851英尺（约564m），共5跨，高三层，由英国园艺师J. 帕克斯顿按照当时建造的植物园温室和铁路站棚的方式设计，大部分为铁结构，外墙和屋面均为玻璃，整个建筑通体透明，宽敞明亮，故被誉为“水晶宫”。

“水晶宫”共用去铁柱3300根，铁梁2300根，玻璃9.3万m^2，从1850年8月到1851年5月，总共施工不到九个月时间。1852—1854年，水晶宫被移至肯特郡的塞登哈姆，重新组装时，将中央通廊部分原来的阶梯形改为筒形拱顶，与原来纵向拱顶一起组成了交叉拱顶的外形。1936年11月30日晚这座名震一时的建筑毁于一场大火，残垣断壁一直保留到1941年。

1 | 2
3

1 | 水晶宫

2 | 克里夫登吊桥

3 | 水晶宫内景

○欣赏分析

新建筑形象的产生是适应社会发展的结果。在古典建筑风格向现代建筑风格过渡的时期，最重要的外在条件便是工业革命带来的社会需求与钢铁玻璃等现代建筑材料的物质保障，这二者使现代建筑的出现成为必然，钢铁与玻璃等新材料的出现使建筑构件标准化和大批量生产成为可能，新技术、新工艺的不断出现也是推动新建筑快速发展的主要动力。

任务二 新建筑运动时期的建筑欣赏

○图片欣赏

1	2
3	4
5	

1 | 莫里斯住宅

2 | 温斯洛住宅

3 | 巴塞罗那圣家族大教堂

4 | 巴塞罗那米拉公寓

5 | 分离派展览大楼

○经典范例——工艺美术运动

工艺美术运动是 19 世纪下半叶，起源于英国的一场设计改良运动。这场运动的理论指导是约翰·拉斯金，运动主要人物是艺术家、诗人威廉·莫里斯。在美国，“工艺美术运动”对芝加哥建筑学派产生较大影响，特别是其代表人物之一路易斯·沙里文受到运动影响很大。同时工艺美术运动还广泛影响了欧洲大陆的部分国家。工艺美术运动是当时对工业化的巨大反思，并为之后的设计运动奠定了基础。这场运动是针对家具、室内产品、建筑等工业批量生产所导致的设计水准下降的局面，开始探索从自然形态中吸取借鉴，从日本装饰（浮世绘等）和设计中找到改革的参考，来重新提高设计的品位，恢复英国传统设计的水准，因此称为工艺美术运动。

○欣赏分析

工艺美术运动的特点是：

1）强调手工艺生产，反对机械化生产。

2）在装饰上反对矫揉造作的维多利亚风格和其他各种古典风格。

3）提倡哥特式风格和其他中世纪风格，讲究简单、朴实、风格良好。

4）主张设计诚实，反对风格上华而不实。

5）提倡自然主义风格和东方风格。

工艺美术运动的根源是当时艺术家们无法解决工业化带来的问题，企图逃避现实，他们憧憬着中世纪的浪漫，隐退到中世纪哥特时期。这正是 19 世纪英国与其他欧洲国家产生工艺美术运动的根源。运动否定了大工业化与机械生产，导致它没有可能成为领导潮流的主要风格。从意识形态上来看，这场运动是消极的，也绝对不会可能有出路的。但是，由于它的产生，却给后来的设计师们提供了新的设计风格参考，提供了与以往所有设计运动不同的新的尝试。因此，这场运动虽然短暂，但在设计史上依然是非常重要的，值得认真研究的。

○相关知识

（一）新艺术运动

在 1880 年代，新艺术运动只是被简单地称为现代风格，就像洛可可风格在它那个时代的称呼一样。另一方面，很多小范围团体的互相聚集，稍微改良了当时矫饰的流行风格，形成 20 世纪现代主义的前奏。其中包括时髦的德国青年风格、维也纳的维也纳分离派运动，风格中最重要的特性就是充满有活力、波浪形和流动的线条，表现形式也像是从植物生长出来的。作为一种艺术运动，它与前拉菲尔派和象征主义的画家具有某些密切的关系。不像象征主义画家，新艺术运动具有一个自己的特殊形象；不像保守的前拉菲尔派，新艺术运动没有躲避使用新材料、使用机器外观和抽象的设计。

（二）芝加哥学派对现代主义建筑的影响

芝加哥学派是美国最早的建筑流派，是现代建筑在美国的奠基者，其突出功能在建筑设计中的主要地位，明确提出形式服从功能的观点，力求摆脱折中主义的羁绊，探讨新技术在高层建筑中的应用，强调建筑艺术应反映新技术的特点，主张简洁的立面以符合时代工业化的精神。芝加哥学派的鼎盛时期是 1883—1893 年，它在建筑造型方面的重要贡献是创造了“芝加哥窗”，即整开间开大玻璃，以形成立面简洁的独特风格。在工程技术上的重要贡献是创造了高层金属框架结构和箱形基础。

工程师詹尼是芝加哥学派的创始人，他 1879 年设计建造了第一拉埃特大厦。1885 年他完成的“家庭保险公司”十层办公楼，是第一座钢铁框架结构，标志芝加哥学派的真正开始。沙利文是芝加哥学派的一个得力支柱，他提倡的“形式服从功能”为功能主义建筑开辟了道路。

沙利文主持设计的“芝加哥 CPS 百货公司大楼”是芝加哥建筑学派中有力的代表作。它描述了“高层、铁框架、横向大窗、简单立面”等建筑特点，立面采用三段式：底层和二层为功能相似的一层，上面各层办公室为一层，顶部设备层。以芝加哥窗为主的网络式立面反映了结构功能的特点。

课题十一　20 世纪的建筑发展

现代主义建筑的起源是一个复杂的过程，但是建筑思想和风格的主要转变都发生在 19 世纪末 20 世纪初，这一时期是现代主义建筑的准备时期和过渡时期，现代主义建筑的若干基本特征都在起源期形成。这一时期，这些先驱者经过多年研究和实践后终于找到了现代建筑发展的正确方向。现代主义建筑的出现标志着建筑的发展进入了新阶段。现代主义建筑的理论与实践为建筑的进步做出了重要贡献，具有重要的历史意义和研究价值。自现代主义建筑出现以来，建筑逐渐形成了与之前建筑完全不同的观念和技术手段。一些新的理念与思想伴随着建筑的发展不断产生，如功能主义、标准化原则、非装饰性等，这些特征也逐渐成为现代主义建筑的基本特征。

任务一 现代主义建筑欣赏

○图片欣赏

1	2
3	
4	5

1｜法国马赛公寓

2｜印度昌迪加尔行政中心

3｜耶鲁大学建筑与艺术馆

4｜哈佛大学研究生中心

5｜哈佛科学中心

○经典范例——粗野主义建筑

粗野主义又称蛮横主义或粗犷主义，是建筑流派的一种，可归入现代主义建筑流派当中。其主要流行的时间介于 1953—1967 年之间，由功能主义发展而来。其建筑特色，是从不修边幅的钢筋混凝土（或其他材料）的毛糙、沉重、粗野感中寻求形式上的出路。英国的史密森夫妇于 1949—1954 年设计建造的英国洪斯坦顿高级中学，成为粗野主义的第一个代表作品。其设计手法追随密斯·凡得罗，但在材料的使用与生产的强调方面，则有明显的差异，电气管道、卫生管道、其他设备装置露明。勒·柯布西耶是粗野主义最著名的代表人物，代表作品有巴黎马赛公寓和印度昌迪加尔法院。这些建筑用当时还少见的混凝土预制板直接相接，没有修饰，预制板没有打磨，甚至包括安装模板的销钉痕迹也还在。受“粗野主义”影响的还有英国的詹姆斯·斯特林爵士（莱汉姆住宅）、美国的保罗·鲁道夫（耶鲁大学建筑系馆）、美国的路易·康（李查医学研究中心）、德国的哥特弗烈德·波姆、日本的前川国男（京都文化会馆、东京文化会馆）及其学生丹下健三（山梨县文化会馆）等人。

○欣赏分析

现代主义建筑是指 20 世纪中叶，在西方建筑界居主导地位的一种建筑思想。这种建筑的代表人物主张：建筑师要摆脱传统建筑形式的束缚，大胆创造适应于工业化社会的条件、要求的崭新建筑。因此具有鲜明的理性主义和激进主义的色彩，又称为现代派建筑。

○相关知识

典雅主义

典雅主义又译为“形式美主义”，又称“新古典主义”“新帕拉蒂奥主义”“新复古主义”，是二次世界大战后美国官方建筑的主要思潮。它吸取古典建筑传统构图手法，比例工整严谨，造型简练轻快，偶有花饰，但不拘于程式；以传神代替形似，是战后新古典区别于 30 年代古典手法的标志；建筑风格庄重精美，通过运用传统美学法则来使现代的材料与结构产生规整、端庄、典雅的安定感。典雅主义发展的后期出现两种倾向：一种是趋于历史主义；另一种是着重表现纯形式与技术特征。典雅主义主要代表人物有：美国建筑师菲利浦·约翰逊、斯东和雅马萨基。斯东设计的美国在新德里的大使馆于 1961 年获美国 AIA 奖，是典雅主义代表作。

任务二 现代主义的代表人物及其建筑欣赏

○图片欣赏

1	2
3	4
5	6

1 | 德国包豪斯

2 | 美国流水别墅

3 | 美国范斯沃斯住宅

4 | 法国萨伏伊别墅

5 | 丹麦奥尔堡现代艺术博物馆

6 | 法国朗香教堂

○经典范例——包豪斯与现代建筑

包豪斯，是德国魏玛市的“公立包豪斯学校”的简称，后改称“设计学院”，习惯上仍沿称“包豪斯”。它的成立标志着现代设计的诞生，对世界现代设计的发展产生了深远的影响，包豪斯也是世界上第一所完全为发展现代设计教育而建立的学院。

包豪斯的崇高理想和远大目标可以从包豪斯宣言中得到体现，其最先提出将“艺术与技术相结合”的口号。艺术家最崇高的职责是美化建筑。今天，他们各自孤立地生存着，只有通过自觉，并和所有工艺技师共同奋斗，才能得以自救。建筑家、画家和雕塑家必须重新认识，一幢建筑是各种美感共同组合的实体。只有这样，他的作品才可能注入建筑的精神，以免迷失流落为“沙龙艺术”。建筑家、雕刻家和画家们，都应该转向应用艺术。艺术不是一种专门职业，艺术家只是一个得意忘形的工艺技师。然而，工艺技术的熟练对于每一个艺术家来说都是不可缺少的。真正创造想象力的根源即建立在这个基础上面。

○欣赏分析

在现代主义建筑还未真正形成大的潮流的时候，各个国家都还在不断地进行探索和试验，试图找到更能适应社会进步的新建筑形式。与此同时，现代主义建筑的领军人物以他们杰出的才华引领着现代主义建筑的发展。

○相关知识

（一）赖特的有机建筑理念

弗兰克·劳埃德·赖特是美国的一位最重要的建筑师，在世界上享有盛誉。他设计的许多建筑受到普遍的赞扬，是现代建筑中有价值的瑰宝。赖特对现代建筑有很大的影响，但是他的建筑思想和欧洲新建筑运动的代表人物有明显的差别，他走的是一条独特的道路。

弗兰克·劳埃德·赖特

赖特从小就生长在美国威斯康星峡谷的大自然环境之中，在向大自然索取的艰苦劳动中了解了土地，感悟到蕴藏在四季之中的神秘的力量和潜在的生命流，体会到了自然固有的旋律和节奏。赖特认为住宅不仅要合理安排卧室、起居室、餐厨、浴厕和书房使之便利日常生活，而且更重要的是增强家庭的内聚力，他的这一认识使他在新的住宅设计中，把火炉置于住宅的核心位置，使它成为必不可少但又十分自然的场所。

有机建筑：建筑的结构、材料、建造方法融为一体，合成一个为人类服务的有机整体。有机设计其实就是指的这个综合性、功能主义的含义。赖特提出六个原则，即：

1）简练应该是艺术性的检验标准。

2）建筑设计应该风格多种多样，好像人类一样。

3）建筑应该与它的环境协调，他说：“一个建筑应该看起来是从那里成长出来的，并且与周围的环境和谐一致。”

4）建筑的色彩应该和它所在的环境一致，也就是说从环境中采取建筑色彩因素。

5）建筑材料本质的表达。

6）建筑中精神的统一和完整性。有机建筑的观点并不是呆板的，而是充满了灵活性的。

赖特曾经表示喜好用钢筋混凝土仿照植物的结构来设计建筑，结构中间是一个树干，深埋在地下，每层楼好像是在树干上长出来一样，层层加上，阳光从上至下穿过天窗进入室内，形成自然照明的感觉，日光与月光都有类似的效果。赖特称这为有机建筑。

纽约古根海姆博物馆

（二）密斯风格风靡全球

密斯·凡·德·罗，德国人，（1886 年 3 月 27 日—1969 年 8 月 17 日）是 20 世纪中期世界上最著名的四位现代建筑大师之一，与赖特、勒·柯布西耶、格罗皮乌斯齐名。密斯坚持“少就是多”（Less is more）的建筑设计哲学，在处理手法上主张流动空间的新概念。

密斯·凡·德·罗

密斯·凡·德·罗的贡献在于通过对钢框架结构和玻璃在建筑中应用的探索，发展了一种具有古典式的均衡和极端简洁的风格。其作品特点是整洁和骨架露明的外观，灵活多变的流动空间以及简练而制作精致的细部。他早期的工作展示了他对玻璃窗体的大量运用，这使之成为其成功的标志。密斯从事建筑设计的思路是通过建筑系统来实现的，而正是这种建筑结构把他带到建筑前沿。同时，他提倡把玻璃、石头、水以及钢材等物质加入建筑行业的观点，也经常在他的设计中得以运用。密斯·凡·德·罗运用直线特征的风格进行设计，但在很大程度上视结构和技术而定。在公共建筑和博物馆等建筑的设计中，他采用对称、正面描绘以及侧面描绘等方法进行设计；而对于居民住宅等，则主要选用不对称、流动性以及连续等方法进行设计。

密斯在很大程度上相当重视细节，用他的话说“细节就是上帝”，这归功于他父亲对其技术的教导。虽然他从未受过正规的建筑学习教育，但他很小随其父学石工，对材料的性质和施工技艺有所认识，又通过绘制装饰大样掌握了绘图技巧。同时，他用极为大胆、简单和完美的手法进行设计，将建筑学的完整与结构的朴实完美地结合在一起。密斯并不是特别关注装饰材料的选择，但是他特别注意室内架构的稳固性。像弗兰克·劳埃德·赖特、勒·柯布西耶一样，密斯也特别重视将自然环境、人性化与建筑融合在一个共同的单元里面。由他所设计的郊外别墅、展厅、工厂、博物馆以及纪念碑等建筑均体现了这一点。与此同时，密斯也重新定义了墙壁、窗口、圆柱、桥墩、壁柱、拱腹以及棚架等方面的设计理念。

密斯建立了一种当代大众化的建筑学标准，他的建筑理念现在已经扬名全世界。在芝加哥伊利诺工学院工作之际，由他设计的湖滨公寓充分展示了他在科技时代的建筑设计天赋。密斯在很多领域中都起了相当大的作用，他在自传中说道:“我不想很精彩，只想更好！”

巴塞罗那国际博览会德国馆

（三）柯布西耶的个性设计

勒·柯布西耶，法国建筑师、城市规划师、作家、画家，是20世纪最重要的建筑师之一，是现代建筑运动的激进分子和主将，被称为“现代建筑的旗手”。

勒·柯布西耶是一名想象力丰富的建筑师，他对理想城市的诠释、对自然环境的领悟以及对传统的强烈信仰和崇敬都相当别具一格。他是善于应用大众风格的稀有人才——他能将时尚的滚动元素与粗略、精致等因子进行完美的结合。

勒·柯布西耶

1926年柯布西耶就自己的住宅设计提出著名的“新建筑五点”，它们是：

1）底层架空：主要层离开地面，独特支柱使一楼挑空。

2）屋顶花园：将花园移往视野最广、湿度最少的屋顶。

3）自由平面：各层墙壁位置端看空间的需求来决定即可。

4）横向的长窗：大面开窗，可得到良好的视野。

5）自由立面：由立面来看各个楼层像是个别存在的楼层间不互相影响。

按“新建筑五点”的要求设计的住宅都是由于采用框架结构，墙体不再承重以后产生的建筑特点。勒·柯布西耶充分发挥这些特点，在20年代设计了一些同传统的建筑完全异趣的住宅建筑。萨伏伊别墅是一个著名的代表作。他的有些设计当时不被人们接受，许多设计被否决，但这些结构和设计形式在以后被其他建筑师推广应用，如逐层退后的公寓、悬索结构的展览馆等，他在建筑设计的许多方面都是一位先行者，对现代建筑设计产生了非常广泛的影响。

马赛公寓

（四）阿尔托浪漫主义的乡土建筑

阿尔瓦·阿尔托是芬兰现代建筑师，人情化建筑理论的倡导者，同时也是一位设计大师及艺术家。阿尔瓦·阿尔托是现代建筑的重要奠基人之一，也是现代城市规划、工业产品设计的代表人物。他在国际上的声誉与四位大师一样高，而他在建筑与环境的关系、建筑形式与人的心理感受的关系这些方面都取得了其他人所没有的突破，是现代建筑史上举足轻重的大师。

阿尔瓦·阿尔托

阿尔托于1898年2月3日生于芬兰的库奥尔塔内小镇，1916年至1921年在赫尔辛基工业专科学校建筑学专业学习。随后两年，他作为一名展示设计师工作并在中欧、意大利及斯堪的纳维亚地区旅行。1923年起，先后在芬兰的于韦斯屈莱市和土尔库市创办自己的建筑事务所。大约在1924年，他为学校设计了几家咖啡馆和学生中心，并为学生设计成套的寝室家具，主要运用“新古典主义”的设计风格。同年，他与设计师阿诺·玛赛奥结婚，共同进行长达5年的木材弯曲实验，而这项研究导致了阿尔托20世纪30年代革命性家具设计——悬臂木椅的产生。

阿尔托于 1928 年参加国际现代建筑协会，1929 年，按照新兴的功能主义建筑思想同他人合作，设计了为纪念土尔库建城 700 周年而举办的展览会的建筑。他抛弃传统风格的一切装饰，使现代主义建筑首次出现在芬兰，推动了芬兰现代建筑的发展。他最著名的建筑包括他在土尔库的家（被认为是第一个斯堪的纳维亚地区现代主义建筑，1927），维堡卫普里图书馆，帕伊米奥肺结核病疗养院以及为 1939 年纽约世界商业博览会设计的芬兰馆。第二次世界大战后的头 10 年，阿尔托主要从事祖国的恢复和建设工作，为拉普兰省省会制订区域规划（1950—1957 年）。

在帕伊米奥肺结核病疗养院，阿尔托最初设计的现代化家具也在那里亮相，这是阿尔托的家具设计走向世界的更大突破。1935 年阿尔托夫妇与朋友一起创建了 Artek 公司，专为阿尔托设计的家具、灯饰及纺织品做海外推广。

芬兰大厦

课题十二 世界建筑新动向

后现代设计是在现代主义之后发展起来的一种设计，它对现代主义的突破首先是在建筑领域，大部分后现代主义设计师同时也是有影响的建筑师。他们认为现代主义只重视功能、技术和经济的影响，忽视和切断了新建筑和传统建筑的联系，因而不能满足一般群众对建筑的要求。

任务一 后现代主义建筑欣赏

○图片欣赏

1	2
3	4
5	

1 | 博尼芳丹博物馆

2 | 旧金山现代艺术博物馆

3 | 奈尔森美术中心

4 | 芝柏文化中心

5 | 毕尔巴鄂古根海姆博物馆

○经典范例——高技派

高技派，也称“重技派”。这一设计流派形成于在20世纪中叶，当时，美国等发达国家要建造超高层的大楼，混凝土结构已无法达到其要求，于是开始使用钢结构，为减轻荷载，又大量采用玻璃，一种新的建筑形式形成并开始流行。到20世纪70年代，把航天技术上的一些材料和技术掺和在建筑技术之中，用金属结构、铝材、玻璃等技术结合起来构筑成了一种新的建筑结构元素和视觉元素，逐渐形成一种成熟的建筑设计语言，因其技术含量高而被称为“高技派”。高技派突出当代工业技术成就，并在建筑形体和室内环境设计中加以炫耀，崇尚“机械美”，在室内暴露梁板、网架等结构构件以及风管、线缆等各种设备和管道，强调工艺技术与时代感。高技派典型的代表有法国巴黎蓬皮杜国家艺术与文化中心、香港中国银行，还有由福斯特设计的香港汇丰银行大楼、法兹勒汗的汉考克中心、美国空军高级学校教堂等。20世纪50年代后期，建筑在造型、风格上注意表现“高度工业技术”的设计倾向。

高技派理论上极力宣扬机器美学和新技术的美感，它主要表现在三个方面：

1）提倡采用最新的材料——高强钢、硬铝、塑料和各种化学制品来制造体量轻、用料少，能够快速与灵活装配的建筑；强调系统设计和参数设计；主张采用与表现预制装配化标准构件。

2）认为功能可变，结构不变。表现技术的合理性和空间的灵活性既能适应多功能需要又能达到机器美学效果。这类建筑的代表作首推巴黎蓬皮杜国家艺术与文化中心。

3）强调新时代的审美观应该考虑技术的决定因素，力求使高度工业技术接近人们习惯的生活方式和传统的美学观，使人们容易接受并产生愉悦。

“高技派”于20世纪80年代末传入中国，先是在建筑外立面幕墙上使用，90年代中期开始引入到公共建筑的内部空间，逐渐变成一股时尚的设计潮流。

近年来，国内的设计师对“高技派”有了进一步的认识，认识到“高技派”是推动装修行业工业化进程的一个非常好的方式。“三化”——工厂化、构件化、标准化正是大工业生产的必需条件和基础，目前装修行业还是半机械、半手工，要向前发展，必须走“三化”之路。现在“高技派”风格的室内装修中多使用金属材料、玻璃、石材这三大材料。金属材料以铝材、不锈钢为主。其中，铝材有铝通、铝单板，其表面涂饰有氟碳喷涂、静电粉末喷涂、锔漆和本色四大工艺；不锈钢有钢通、板材和钢板网之分，其表面处理常用的有镜面、拉丝面、砂面、腐蚀面工艺，特别是在镜面不锈钢上加药水砂，其视觉效果很特别。玻璃从本身的功能来分有安全玻璃、艺术玻璃、普通玻璃，从饰面效果来分有焗漆、喷砂、药水砂、绿网砂等装饰工艺。

○欣赏分析

后现代主义是20世纪50年代以来，欧美各国（主要是美国）继现代主义之后出现的前卫美术思潮的总称。就设计界理解的后现代主义而言，可认为它是发端于20世纪60年代，成长兴盛于20世纪70、80年代，而衰落于90年代的，以反对现代主义的纯粹性、功能性和无装饰性为目的的，以历史的折中主义、戏谑性的符号主义和大众化的装饰风格为主要特征的建筑思潮。

○相关知识

新型理论

（一）新理性主义

新理性主义20世纪60年代发源于意大利，是与后现代主义同时兴起的另一场历史主义建筑思潮。新理性主义既是对正统现代主义思想的反抗，也是对商业化古典主义、后现代主义的形式拼贴游戏的一种批判。其主要成员包括C. 艾莫尼诺、G. 格拉西、A. 罗西和卢森堡的R. 克里尔、L. 克里尔等人，其中尤以罗西和克里尔兄弟为代表。

理性主义强调理性是知识的重要源泉，是规范知识的重要方法和标准，所以重理性知识、理智能力、理智控制，而对感性认识持贬低和否定的态度。和所有艺术一样，建筑风格也总离不开人们所处的地理位置、历史环境、传统习俗和文化艺术，这些不同国度、不同地域、不同民族，经过长期的实践和发展才形成各自不同的建筑风格。除了新古典主义，还有很多建筑风格如：巴洛克、法国古典主义、哥特式、功能主义、古罗马、浪漫主义、洛可可、文艺复兴、现代主义、后现代主义、有机建筑、折中主义等，但在今天如何更好地与本土化特色结合起来，批判地吸收这些古老的设计理念和风格为我所用，就需要仔细地思考。在欧陆风盛行的时候，不少城市的广场建设和住宅建设盲目模仿国外的建筑风格，不约而同地搞出了“罗马柱”“罗马雕塑”，一味照搬，流俗以后迅速没落。在欧陆风过后，现代风格、板片组合、弧形格片屋顶飘板正在成为新的流行时尚。但如不加注意，很可能又会成为令人生厌的新的千篇一律。

马里奥·博塔设计的艾维新城教堂

理性主义建筑在1936年发展到顶点之后，由于社会、政治等因素几乎消失，但是在1936年至60年代之间，在其他流派发展如火如荼的时候，理性主义的思想及创作理念的发展却从未间断。这其中伴随着对形式语言的更新的探索，对民族现实经济、技术、政治关系的关心，对建筑师的社会责任的认识。于是，在 20 世纪 60 年代的意大利，在新的历史条件下，出现了承袭于理性主义的新理性主义，它与后现代主义成为当今世界建筑思潮的两大倾向。

吕措夫广场住宅园

（二）新地域主义

新地域主义，是指建筑上吸收本地的、民族的或民俗的风格，使现代建筑中体现出地方的特定风格。作为一种富有当代性的创作倾向或流派，它其实是来源于传统的地方主义或乡土主义，是建筑中的一种方言或者说是民间风格。但是新地域主义不等于地方传统建筑的仿古或复旧，新地域主义依然是现代建筑的组成部分，它在功能与构造上都遵循现代标准和需求，仅仅是在形式上部分吸收传统的东西而已。新地域主义是对全球化趋势的一种反驳。它着眼于特定的地域和文化，关注日常生活与真实亲近熟悉的生活轨迹，提取文化中更本质的东西，致力于把当地文化用先进的理念、技术表达出来，使建筑和其所处的当地社会维持一种紧密与持续性的关系。主要就是不要盲目抄袭异域风格，要突出地域传统的特点，要有自己的风格，在流传下来的古老风格上做升华，而不是抛弃。地域主义，还担负着协调人与现实生活之间的关系的作用，使人们能够“感到安适自在”。

20 世纪 70 年代以来的新地域主义实践首先是对任何权威性设计原则

与风格的反抗，它关注建筑所处的地方文脉和都市生活现状，比后现代主义所提倡的文脉主义要表现得更为全面、深刻。后现代建筑师往往是将传统的形式作为符号，从历史中抽取出来用于新的建筑中。而新地域主义则是在关注场地、气候、自然条件以及传统习俗和都市文脉中去思考当代建筑的生成条件与设计原则，使建筑重新获得场所感与归属性。

特征：总的原则——回归自然，促进“可持续发展”。

1）回应当地的地形、地貌和气候等自然条件。

2）运用当地的地方性材料、能源和建造技术。

3）吸收包括当地建筑形式在内的建筑文化成就。

4）具有其他地域没有的特异性及明显的经济性。

阿尔巴罗·西扎（葡萄牙）——加利西亚当代艺术中心

（三）解构主义

解构主义作为一种设计风格的探索兴起于20世纪80年代，但它的哲学渊源则可以追溯到1967年。当时一位哲学家德里达基于对语言学中的结构主义的批判，提出了“解构主义”的理论。他的核心理论是对于结构本身的反感，认为符号本身已能够反映真实，对于单独个体的研究比对于整体结构的研究更重要。解构主义及解构主义者就是打破现有的单元化的秩序。这秩序并不仅指社会秩序，除了包括既有的社会道德秩序、婚姻秩序、伦理道德规范之外，还包括个人意识上的秩序，比如创作习惯、接受习惯、思维习惯和人的内心较抽象的文化底蕴积淀形成的无意识的民族性格。总之是打破秩序然后再创造更为合理的秩序。解构主义是对现代主义正统原则和标准批判地加以继承，运用现代主义的语汇，颠倒、重构各种既有语汇之间的关系，从逻辑上否定传统的基本设计原则（美学、力学、功能），由此产生新的意义。用分解的观念，强调打碎、叠加、重组、重视个体、部件本身，反对总体统一而创造出支离破碎和不确定感。

毕尔巴鄂古根海姆博物馆

（四）新陈代谢派

新陈代谢派在日本著名建筑师丹下健三的影响下，以青年建筑师大高正人、稹文彦、菊竹清训、黑川纪章以及评论家川添登为核心，于 1960 年前后形成的建筑创作组织。他们强调事物的生长、变化与衰亡，极力主张采用新的技术来解决问题，反对过去那种把城市和建筑看成固定地、自然地进化的观点。认为城市和建筑不是静止的，它像生物新陈代谢那样，是一个动态过程。应该在城市和建筑中引进时间的因素，明确各个要素的周期，在周期长的因素上，装置可动的、周期短的因素。

1966 年，丹下健三完成了山梨县文化会馆。它较为全面地体现了新陈代谢派的观点。由于“新陈代谢派”内在不可克服的矛盾，无法把握实质问题，于是“新陈代谢派”的中坚分子都按照自己的理解来误读信息社会的特征，于是生发出种种的偏离：黑川纪章无奈地转向“新陈代谢派”的本义，即生物学倾向以生物适应为基础的共生理论，从目前看来，这一支流后劲不足。矶崎新的历史后现代建筑虽然带动了日本后现代的探索，这一支在目前的活动基本上不属于主流。但是，由菊竹清训到伊东丰雄，再到妹岛和世和西泽立卫，这一支流却呈现出自己旺盛的生命力。

1 | 日本山梨县文化会馆

2 | 奥运场馆——北京鸟巢

3 | 北京凯宾斯基酒店

4 | 哈尔滨大剧院

5 | 上海国际金融中心

任务二 中国建筑艺术新成就

中国近现代建筑艺术是伴随着封建社会的解体、西方建筑的输入而逐渐形成的。西方建筑新材料、新技术传入，同传统建筑发生了尖锐的矛盾。传统和创新的问题，成为中国建筑师始终面临的课题，呈现出了阶段性的变化特征。在20世纪20～30年代，对传统的继承就以“中国固有之形式”出现，50年代，则以“民族形式”出现。在新时期，则在更深的层次进行探索，以不同方式表达了继承和发扬中国优秀建筑传统的意愿，创造出现代化和民族化、地方化相结合的新建筑。

1	2
3	4
5	6

1 | 抚顺生命之环

2 | 广州塔

3 | 苏州东方之门

4 | 中央电视台大楼

5 | 沈阳方圆大厦

6 | 上海世博会——中国馆

参 考 文 献

[1] 赵海涛，陈华钢. 中外建筑史 [M]. 上海：同济大学出版社，2010.

[2] 陈平. 外国建筑史：从远古至 19 世纪 [M]. 南京：东南大学出版社，2006.

[3] 陈志华. 外国建筑史 [M]. 北京：中国建筑工业出版社，2010.

[4] 吴庆洲. 世界建筑史图集 [M]. 南昌：江西科学技术出版社，1999.

[5] 罗小未，蔡琬英. 外国建筑历史图说 [M]. 上海：同济大学出版社，2005.

[6] 罗小未. 外国近现代建筑史 [M]. 2 版. 北京：中国建筑工业出版社，2004.

[7] 潘谷西. 中国建筑史 [M]. 5 版. 北京：中国建筑工业出版社，2004.

[8] 张新荣. 建筑装饰简史 [M]. 北京：中国建筑工业出版社，2000.

[9] 王其钧. 永恒的辉煌—外国古代建筑史 [M]. 北京：中国建筑工业出版社，2005.

[10] 王天锡. 贝聿铭 [M]. 北京：中国建筑工业出版社，1990.

[11] 田学哲. 建筑初步 [M]. 北京：中国建筑工业出版社，1999.

[12] 斯特吉斯. 国外古典建筑图谱 [M]. 中光，译. 北京：世界图书出版公司，1995.

[13] 针之谷钟吉. 西方造园变迁史：从伊甸园到天然公园 [M]. 邹洪灿，译. 北京：中国建筑工业出版社，1991.

[14] 王世襄. 明式家具珍赏 [M]. 北京：文物出版社，2003.

[15] 濮安国. 明清苏式家具 [M]. 杭州：浙江摄影出版社，1999.

[16] 王朝闻. 中国美术史 [M]. 济南：齐鲁书社，2000.

[17] 张夫也. 全彩东方工艺美术史 [M]. 银川：宁夏人民出版社，2003.

[18] 李宗山. 中国家具史图说 [M]. 武汉：湖北美术出版社，2001.

[19] 斯廷森. 世界现代家具杰作 [M]. 程嘉，译. 合肥：安徽科学技术出版社，1998.

[20] 奥茨. 西方家具演变史：风格与样式 [M]. 江坚，译. 北京：中国建筑工业出版社，1999.

[21] 陈苑，洛齐. 世界家具设计例说 [M]. 杭州：西泠印社出版社，2006.

[22] 李雨红. 中外家具发展史 [M]. 哈尔滨：东北林业大学出版社，2000.

[23] 何镇强，张石红. 中外历代家具风格 [M]. 郑州：河南科学技术出版社，1998.

[24] 王受之. 世界现代建筑史 [M]. 北京：中国建筑工业出版社，1999.

[25] 沈福煦. 建筑历史 [M]. 上海：同济大学出版社，2005.

[26] 李晓莹，李佐龙. 室内设计艺术史 [M]. 北京：北京理工大学出版社，2009.

[27] 刘先觉. 中外建筑艺术 [M]. 北京：中国建筑工业出版社，2014.

[28] 曹永智，刘莉莉，杨远. 中外建筑简史 [M]. 上海：上海科学技术文献出版社，2015.